U0309179

FEITIANMENG

飞天梦

叶永烈目击中国航天秘史

叶永烈 著

张崇基 鞠 浪 等摄影

时代出版传媒股份有限公司

安徽教育出版社

图书在版编目（CIP）数据

飞天梦:叶永烈目击中国航天秘史 / 叶永烈著;张崇基等摄.
—合肥:安徽教育出版社,2014.3
ISBN 978-7-5336-7788-6

Ⅰ.①飞… Ⅱ.①叶…②张… Ⅲ.①载人航天飞行—概况—中国 Ⅳ.①V529

中国版本图书馆 CIP 数据核字（2014）第 022194 号

飞天梦——叶永烈目击中国航天秘史

FEITIANMENG ——YEYONGLIE MUJI ZHONGGUO HANGTIAN MISHI

出 版 人:郑　可
质量总监:张丹飞
策划编辑:鲁金良
责任编辑:周大勤
装帧设计:张鑫坤
责任印制:王　琳

出版发行:时代出版传媒股份有限公司　　安徽教育出版社
地　　　址:合肥市经开区繁华大道西路 398 号　邮编:230601
网　　　址:http://www.ahep.com.cn
营销电话:(0551)63683012,63683013
排　　版:安徽创艺彩色制版有限责任公司
印　　刷:安徽新华印刷股份有限公司

开　　本:787×1092　1/16
印　　张:10.25
字　　数:100 千字
版　　次:2014 年 4 月第 1 版　2014 年 4 月第 1 次印刷
定　　价:48.00 元

（如发现印装质量问题,影响阅读,请与本社营销部联系调换）

焦点新闻·独家报道

举世关注中国神舟号飞船的载人航天
揭示辉煌背后鲜为人知艰苦奋斗之路

数以百计珍贵图片组成漫漫历史画廊
作者亲历以零距离目击中国航天秘史

从敦煌飞天到炎黄子孙昂首挺进太空
科学泰斗钱学森运筹帷幄掌航天帅印

独家披露四十年前中国小狗太空之旅
深入报道七十年代中国宇航员大本营

图文并茂集科学文学历史摄影于一炉
热忱歌颂中国太空人高奏时代主旋律

英雄 —— 我们的宇

杨利伟，中国首位宇航员

宇航员在训

>>>>>>>

三位候选宇航员，左起为聂海胜、杨利伟、翟志刚

整装待发

　　从"嫦娥奔月"的神话到诗人李白"霓裳曳广带，飘拂升天行"的浪漫诗句，已显示出中国人自古以来的飞天梦想。随着科技的进步、国力的富强，这个做了几千年的梦终于实现了。2003年10月15日，中国首位宇航员杨利伟怀着十足的信心，昂然踏上征途。他背负着全国人民的期望，接受群众夹道欢呼，沉着地向中国的飞天梦迈出第一步。

执行首飞的宇航员杨利伟准备登舱

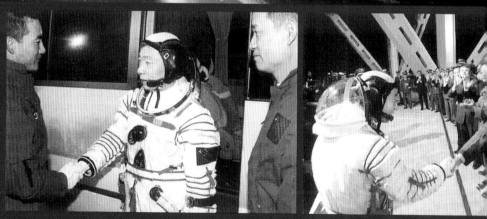

杨利伟与另外两位宇航员及中国载人航天工程总指挥握手合

向宇宙进发

　　"神舟五号"成功升空，是无数科学家穷毕生的努力所换来的。在那些日以继夜的研究日子里，有他们不断付出的心血和汗水，他们是飞天梦的幕后功臣、无名英雄。

　　载人航天是当今世界上最尖端的科技。"神舟五号"载人飞船成功发射升空，标志着中国太空科技研究踏入新的里程，经济实力达到新的境界，更证明了中国已成为一个世界瞩目的强大国家。

空中遨游

　　从古至今，人们对未知的太空都充满了好奇与遐思。无数的神话及传说，在人类的历史中代代相传。今天，中国的宇航员，终能遨游迷人的星空，为人们拍下地球的蔚蓝之美。

　　宇航员在飞船上展示了中国国旗和联合国旗帜，象征着中国人祈求世界和平的心愿。

顺利回航

经过 21 个小时的太空之旅，成功围绕地球 14 匝，"神舟五号"安然降落在一望无际的内蒙古四子王旗草原。杨利伟自行步出返回舱，接受人们热烈的祝贺。

举国欢腾

　　"神舟五号"顺利升空，中国航天科技从此揭开历史性的新页。各大报纸纷纷推出《号外》专辑，将这一喜讯传遍全国各地。举国上下一片沸腾，兴奋的心情跃然脸上。

作者简介

　　叶永烈，上海作家协会专业作家，一级作家，教授 。1940年生于浙江温州。1963年毕业于北京大学。11岁起发表诗作，19岁写出第一本书，20岁时成为《十万个为什么》主要作者，21岁写出《小灵通漫游未来》。

　　主要著作为150万字的"红色三部曲"——《红色的起点》《历史选择了毛泽东》《毛泽东与蒋介石》，展现了从中国共产党诞生到新中国诞生的红色历程；《反右派始末》全方位、多角度地反映了1957年"反右派运动"的全过程；180万字的长卷《"四人帮"兴亡》以及《陈伯达传》《王力风波始末》，是中国十年"文革"的真实写照。《邓小平改变中国》是关于中共十一届三中全会全景式纪实长篇。《受伤的美国》是关于美国911事件这一重大事件的详细记录。此外，还有《用事实说话》《出没风波里》《历史在这里沉思》《陈云之路》《中共中央一支笔——胡乔木》《钱学森》《叶永烈讲述科学家故事100个》《美国自由行》《星条旗下的生活》《米字旗下的国度》《俄罗斯自由行》《欧洲自由行》《澳大利亚自由行》《真实的朝鲜》《今天的越南》《樱花下的日本》《我的台湾之旅》《第三只眼识台湾》《梦里南洋知多少》《这就是韩国》《从金字塔到迪拜塔》《神秘的印度》等。

自序

　　"神舟号""神舟二号""神舟三号""神舟四号"，中国无人飞船的一次又一次发射成功，在世界上引起极大的关注。从"神舟五号""神舟六号"到"神舟七号"载人飞船的连续成功发射，意味着中国人迈入太空，意味着继苏联、美国之后，中国成为世界上第三个具备载人航天能力的国家。

　　这一历史性时刻的到来，使我记起在将近三十年前，我受命担任影片《载人航天》的编导。1979 年 2 月，我有幸在上海拜会了著名科学家、"中国航天之父"钱学森。他当时担任国防科委副主任。由于他的亲自批准，我得以率摄制组进入中国航天训练基地拍摄电影《载人航天》。这部影片记录了中国载人航天的重要历史。

　　在欢庆中国宇航员胜利征服太空的时候，我着手从电影《载人航天》的众多画面中，编选这本回顾中国载人航天历史的画册《飞天梦 —叶永烈目击中国航天秘史》。

　　张崇基先生是影片《载人航天》的摄影。本书的编选得到了他的大力支持。在拍摄《载人航天》影片的那些日子里，我结识了从事航天摄影多年的航天基地摄影师鞠浪先生。他不仅同意把当年已经选入影片的小狗上天的历史镜头收入本书，而且表示可以把他多年来拍摄的中国载人航天历史照片收入本书，使本书大为增色。

　　本书为庆祝中国载人航天的辉煌胜利献上一份特殊的礼物。

目录
contents

一 世界关注的焦点

2003 年 8 月 10 日，两位不速之客从香港来到上海我家。他们是香港无线电视台的编导和摄影师，前来采访。

平日，我家也常是记者们光顾的所在。记者们来访，要么谈文学创作的体会和见解，要么谈最近出版的纪实文学新书。然而，这一回香港电视台记者采访的话题却与众不同，他们要我谈当年是如何进入"禁区"——中国航天训练基地的。他们说，办理前往那里采访的申请已经快一年了，至今没有下文。不仅是他们无法进入那神秘的"禁区"，就连中央电视台的记者也同样未能获准。

据报道，"那里有重兵把守。如果有人企图偷看或拍照，警卫会'很客气地'请他们立即离开"。

然而，我却在 24 年前的 1979 年，在那里采访了将近半个月！

　　这是在 1979 年 4 月，我（左）、摄影师张崇基（右）当时在中国宇航基地与宇航员的合影。在当时，彩色胶卷还是稀罕之物，我们是用彩色电影胶卷的零头片拍摄的。尽管已经过去那么多年，宇航员那橙色的宇航服还是那么鲜艳。

　　在我之后，似乎再也没有媒体能够进入那个戒备森严而充满神秘色彩的地方。我的特殊的经历，引起了香港记者的注意。

　　香港媒体向来有一根敏感的神经。自从 1999 年以来，中国一连四次成功地发射"神舟"号无人飞船。到了 2003 年，中国宇航员"登天"已经指日可待，成了世界媒体关注的焦点，当然也引起香港媒体的高度关注。

● 图为"神舟号"飞船发射前，在垂直测试厂房里进行火箭吊装对接时的场景（图片提供：东方平）

叶永烈与宇航员合影

改革开放的总设计师邓小平非常关心中国的载人航天事业

神舟

　　那是在 1992 年 1 月，中共中央作出了发展中国载人航天工程的战略决策。中共中央总书记江泽民明确指出，要下决心搞载人航天。于是，中国载人航天工程立项，并定名为"921"工程。中国的载人航天历史，翻开了崭新的一页。

　　1993 年，江泽民为中国空间技术研究院题词"发展航天技术，开发空间资源"。他还为中国第一艘试验飞船命名"神舟"。

1999 年 11 月 20 日是载入史册的日子。经过七年的努力，这天清早 6 时 30 分，新型长征二号 F 运载火箭喷出耀眼的烈焰，运载着中国第一艘无人试验飞船"神舟号"从酒泉卫星发射中心飞入太空。

世界各国媒体争相报道："中国宇航员敲响了太空的大门！"

● 上图为承担发射"神舟"号的长征二号捆绑式新型运载火箭在发射前矗立在发射架上（图片提供：东方平）

长征二号火箭是中国自己研制的新型宇宙火箭。"神舟号"飞船一次次成功地发射上天，长征二号火箭立下了汗马功劳。这是作者在上海拍摄的长征二号火箭实物。

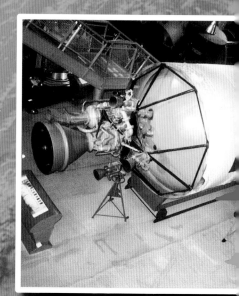

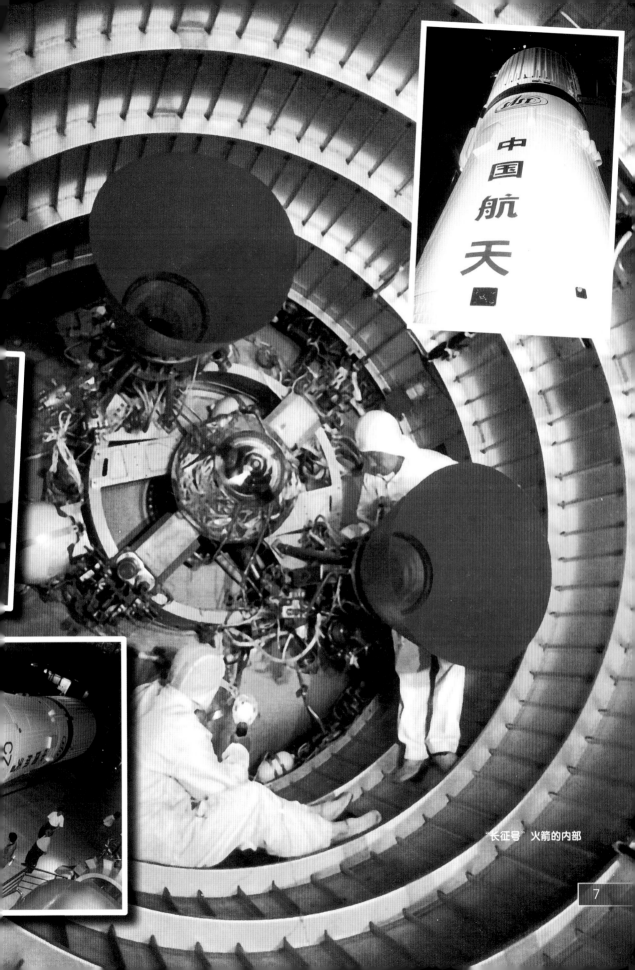

中国
航天

"长征号"火箭的内部

长征二号宇宙火箭被誉为"登天云梯"　　　　　空置的发射架　　　　　长征二号火箭沿着轨道

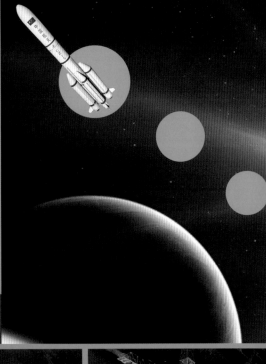

多 　　　　　　　　长征二号火箭平移至发射架

二号火箭入架　　　　　　　打开发射架，长征二号火箭点火　　　　　　长征二号火箭起飞

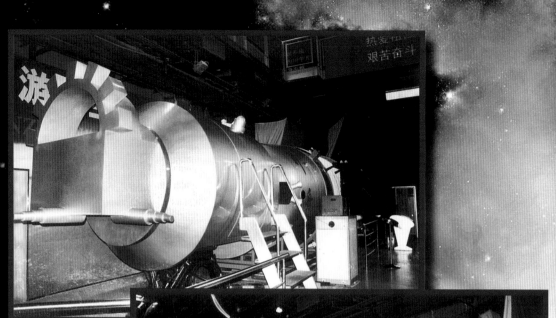

"神舟号"飞船

"神舟号"飞船
两侧安装了长方形的
太阳能电池板。在太
空中，太阳能电池板
会自动张开，把太阳
能转化为电能，成为
飞船的工作动力

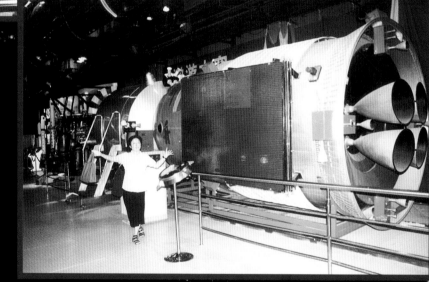

写有"神舟"二字
处，是飞船的回收舱

"神舟号"飞船
尾部安装了推进器，
以便在飞船返回地面
时，推动并控制飞船
的飞行

经过 20 来个小时的太空飞行，1999 年 11 月 21 日凌晨 3 时 41 分，"神舟号"顺利地在内蒙古中部地区着陆，回到了祖国母亲的怀抱。这表明，中国科学家不仅能够把飞船送上天，而且能够成功地将它收回来。

2001 年 1 月 10 日凌晨，中国无人飞船"神舟二号"又在酒泉卫星发射中心腾空。这表明，中国人向太空进军的步伐加紧了。

正在吊装中的"神舟二号"飞船

这一回，"神舟二号"经过近 7 昼夜的太空之旅，环绕地球 108 圈，1 月 16 日 19 时 22 分，"神舟二号"平安归来，降落在内蒙古中部地区。比起"神舟号"来，这位"老二"在太空逗留的时间要长得多。

过了一年多，2002年3月25日，酒泉卫星发射中心烈焰飞腾，"神舟三号"飞船启程遨游太空。

"神舟三号"的太空之旅，长达180多天，共环绕地球飞行2821圈。经过漫长的旅行，这才返回中国。不言而喻，这是它在为中国宇航员上天探路。

运输中的"神舟二号"飞船

"神舟三号"安装了"拟人载荷"装置和"形体假人"（上图，新华社李刚摄）。此外，还安装了逃逸系统，以备在遭遇意外故障时，确保宇航员的生命安全。这表明，"神舟三号"比"老大""老二"又有了许多改进。

● 这是已装进整流罩内的"神舟四号"

● 中国"神舟

紧步"神舟三号"的后尘，2002年12月30日凌晨0点40分，"神舟四号"无人飞船跃登太空。"神舟四号"不仅受到世界媒体的高度关注，而且在上天之后受到美国、俄罗斯、法国等国的监视系统"盯梢"——全程监视。

梁生树摄

　　"神舟四号"飞船上载有两名"模拟人"。"模拟人"是飞船从无人过渡到有人状态的关键一步。另外，飞船还增加了人工控制、在轨自主应急返回等多项重要功能。

　　"神舟四号"的发射成功，为中国的无人飞船试验画上了圆满的句号。

　　"神舟五号"是中国历史上第一次载人航天。"神舟五号"发射成功，意味着中国成为世界上继苏联、美国之后第三个实现载人航天的国家。正因为这样，已经处于倒计时状态的"神舟五号"倍受注目。世界的目光，聚焦于中国即将上天的"神舟五号"，纷纷猜测着"神舟五号"上天的日子。

● "神舟四号"返回内蒙古后，被吊上卡车，运往北京（新华社王建民摄）

● 测试中的"神舟五号"飞船（张梁摄）

二 现在
可以说了

香港无线电视台也加入了"抢新闻""抢镜头"的行列。他们注意到台湾《科学月刊》2003 年第四期上的一篇长文，题为《现在可以说了！——二十四年前采访中国航太基地》，署名叶永烈。

这里需要说明一句的是，由于海峡两岸语言的差异，中国大陆叫航天，台湾叫"航太"。

我为什么会在台湾的杂志上发表这样的文章呢？

那是 2003 年 1 月，我在台北的时候，《科学月刊》总编辑张之杰先生（右）和台湾作家黄海（中）前来看我（左），欢聚之余，张先生不忘本职——向我约稿。他希望我能够写一写众所关注的焦点话题。考虑到当时"神舟四号"刚刚发射成功，中国宇航员上天已经是箭在弦上，这是海峡两岸共同的焦点话题，于是我答应写一写 24 年前采访中国航天训练基地的不平常的经历。

回到上海之后，我把《现在可以说了！》用电子邮件发给了张之杰先生。他读后说，马上发表，但是希望能够配上照片。于是，我把照片扫描，又用电子邮件发了过去。张先生是一个工作非常仔细的人，他要我为照片配上解说词。我第三次发电子邮件给张先生。不久，《现在可以说了！》就在台湾《科学月刊》2003 年第四期上发表了。我发现，这篇文章中的许多名词被按照台湾习惯改了，比如"宇航员"被改成"太空人"，"载人航天"改为"载人航太"，"模拟舱"改成"类比飞船"。

面对香港无线电视台的镜头，真是说来话长。我把香港记者带到 24 年前工作过的地方——上海科学教育电影制片厂。我已经很久没有来到这里。如今，上海科学教育电影制片厂已经并入上海东方电视台。

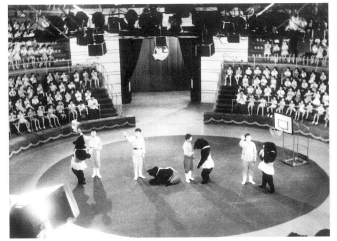

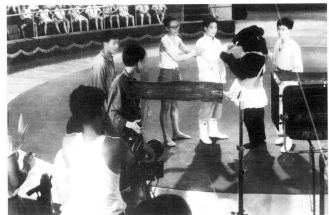

步入上海科学教育电影制片厂，勾起我许许多多回忆。我曾经在这家电影制片厂担任编导达18个春秋。

这是在上海杂技场拍摄"文集内片"《驯兽》一片时的工作照。下图正中那个戴眼镜、穿汗背心、光着脚丫正在指导演员的男子，就是在下。当时，为了保持杂技场地毯的干净，我光脚在地毯上来来回回奔走、指挥，人称"赤脚导演"。

我也拍摄了许多介绍先进科学技术的影片。比如，当中国的气垫船还处于试制阶段，我就导演了《气垫船》一片。

● 右图是当时拍摄的气垫船。左上图是在上海淀山湖拍摄现场，左面的是我

1978 年，我导演了关于交通安全的影片《红绿灯下》。这部影片由于采用了一连串的喜剧小故事讽刺那些不遵守交通规则的人们，受到观众的欢迎，荣获第三届电影"百花奖"。右上图是《红绿灯下》剧照。下左图是我在广州拍摄现场。

● 右图是我手捧第三届电影"百花奖"奖杯

普及空间科技知识的影片

《向宇宙进军》

海科影的大型彩色片《向宇宙进军》即将摄制
影片共分三辑，可放映一个半小时。该片编
家所熟悉的科普作家叶永烈，摄影是张崇基。
片主要是向广大观众宣传和普及空间科学技
，介绍具备哪些条件才能飞出地球，以及月
情形。观众可以从银幕上看到我国近几年来
宇航方面所取得的成果；看到我国发射导弹

《向宇宙进军》拍摄时的工作情景。

和人造卫星的壮观情景和我国第一批宇航员训练的
情况。为了说明科学道理，还从国外电影上剪辑了资
料镜头。在第三辑中还有展望未来，发射航天飞机
以及航天飞机飞翔在宇宙中间、来往于地球和其它
星球的精彩镜头。　　　（杨树占）

　　1979 年，我忙于拍摄大型科教片《向宇宙进军》。1980 年第一期《大
众电影》，曾刊登关于《向宇宙进军》一片报道。

　　就科教片而言，通常每部的放映时间是 10 — 20 分钟，《向宇宙进军》
长达一个半小时，确实是一部大型科教片。

　　值得注意的是，这篇报道透露了重要信息："观众可以从银幕上看到我
国第一批宇航员训练的情况。"

　　须知，在当时，关于中国训练宇航员的情况，从未见诸报道。

我为什么会担任《向宇宙进军》一片导演呢？

那时候，中国的电影生产还处于指令性的计划经济时期，拍摄题材是由文化部下达的。当时空间科学是八大新兴前沿科学之一，文化部向上海科教电影制片厂下达了拍摄《空间科学》的任务。

也真巧，应上海《文汇报》之约，我在1978年4月5日发表了《七种应用卫星——漫话空间技术》一文。

厂领导见我对《空间科学》有兴趣，于是就把拍摄《空间科学》的任务交给了我。

我接受任务之后，前往北京，到主管部门——第七机械工业部进行采访。

第七机械工业部的前身是国防部第五研究院。国防部第五研究院是中国第一个火箭导弹研制机构，成立于1956年10月8日，院长为著名科学家钱学森。1965年1月4日，第七机械工业部成立，钱学森为副部长。

1958年5月17日，毛泽东主席在中共八大二次会议上，发出"我们也要搞人造卫星"的号召，表明了中国发展空间科学的决心。酒泉卫星发射基地开始建设。

1968年2月20日，经聂荣臻副总理提议和毛泽东主席、周恩来总理的批准，成立了中国空间技术研究院，专门从事空间科学研究。首任院长为钱学森。

在第七机械工业部，我进行了许多采访。他们送给我一批内部出版的《载人航天》杂志，让我看了许多内部参考影片。我得知，在1968年4月，中国成立了航天医学工程研究所，在进行载人航天医学工程研究的同时，开始进行选拔和培训宇航员的工作。

1978年12月13日，我完成了题为《空间科学》的拍摄提纲。

三 "中国航天之父"
钱学森鼎力支持

按照惯例，我在完成《空间科学》拍摄提纲之后，将它寄往主管部门——第七机械工业部科研局审查。

我没有想到，著名科学家、第七机械工业部副部长、国防科委副主任钱学森看了《空间科学》拍摄提纲。

1979 年 2 月 23 日上午，我忽然接到通知，说是钱学森来到上海，要找我和摄制组主要创作成员谈话。

我与钱学森的秘书柳鸣通了电话，约定在当天晚上拜访钱学森。

右图为钱学森（中）1945年在德国考察，右为冯·卡门

钱学森被誉为"中国航天之父"。我能够在钱学森的亲自指导下拍摄影片，受益匪浅。

1911年12月11日，钱学森出生于上海。1934年毕业于上海交通大学（左上图为钱学森的毕业照）。1935年赴美国留学。1938年在加州理工学院著名专家冯·卡门指导下，获得航空、数学博士学位。此后留校任教并从事应用力学和火箭导弹研究。他成为航空工程和空气动力学方面资深的专家。1934年，他与马林纳合作完成的研究报告《远程火箭的评论与初步分析》，为美国20世纪40年代研制成功地对地导弹和探空火箭奠定了理论基础。他担任了加州理工学院超音速实验室主任和"古根罕喷气推进研究中心"负责人。

左图为钱学森在美国加州理工学院给研究生讲课：《关于远程商用火箭作洲际飞行问题》。时间大约在20世纪40年代末

当第一面五星红旗在天安门广场上徐徐升起时，钱学森深为祖国的新生而高兴。他打算回国，用自己的专长为新中国服务。然而，鉴于他的专长直接涉及国防，美国移民当局千方百计阻挠他回归祖国。

经过钱学森的不懈努力和中国政府的交涉，1955年10月8日，44岁的钱学森终于与夫人、孩子一起从美国回到广州（左图）。他非常感慨地说："我一直相信我一定能回到祖国。"

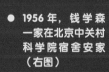

● 1956年，钱学森一家在北京中关村科学院宿舍安家（右图）

钱学森回国之后，受到毛泽东主席的接见（右图）。1956年2月17日，钱学森向国务院提交了《建立我国国防工业意见书》，最先为我国火箭技术的发展提出了极为重要的实施方案。此后，他受周恩来、聂荣臻之命筹备组建火箭导弹研制机构——国防部第五研究院，并于同年10月出任该院首任院长。从此，钱学森长期担任中国火箭导弹和航天器研制的技术领导工作，以他的远见卓识为中国火箭导弹和航天事业的创建与发展作出了杰出的贡献。

● 下图为1966年钱学森在基地协助聂荣臻主持两弹结合飞行爆炸实验

1979 年 2 月 23 日晚上，我们如约来到上海延安饭店。这是一家部队招待所，位于上海延安中路上。钱学森（沈进摄）就住在这里。

我先是见到钱学森的秘书柳鸣。他带着我们来到一间会议室。没多久，钱学森来了。他穿了一身军装。进屋之后，他摘掉军帽，显出开阔光亮的前额。他微笑着跟我握手，眼角皱起了鱼尾纹。

钱学森作为中国的空间科学专家，又是国防科委副主任，趁来沪之际，约见我是为了跟我谈一谈对于拍摄提纲的意见，以及他对影片的希望。

钱学森很健谈，他一口气谈了两个多小时。我一边听他谈话，一边作了详细记录。

钱学森一开始就说："你们摄制组的同志都很年轻，很好。"

他很谦逊地自称"笨人"，说道："这个影片，虽然是讲科学，讲技术，但不能光是有科学技术，还要有艺术。我是个笨人，不懂艺术，这要靠你们。科学是科学，技术是技术，这一点也不能含糊，但是又一定要有艺术。"

他告诉我，来上海之前，曾经与第七机械工业部副部长任新民就拍摄提纲交换了意见。第七机械工业部领导这么重视影片的拍摄，真使我感动。

接着，他对于影片的片名提出了意见：

"影片片名叫《空间科学》，不大科学。片名是不切题的。影片的内容是空间技术。空间科学和空间技术，是不一样的，含义不同。空间科学，它是天文学的一个部分。地球附近有一层大气，影响天文观测。出了大气层，到了空间，发现了许多新东西，如星际的分子、高能天文学、X 光、伽马射线等。还有金星、火星、木星上如何如何，那才叫空间科学。可是，拍摄提纲上讲的大都是空间技术。空间技术是为了发展空间科学所必要的技术。方毅同志在科学大会上讲的是'空间科学技术'，既包括科学，又包括技术，这个名字比较科学。"

钱学森作为专家，提出这样的意见，我马上表示接受。我问钱老："改成《飞向太空》怎么样？"

钱学森回答说："改成《飞向太空》，这片名也有点对不上号。"

我又说："那用《向宇宙进军》呢？"

钱学森点头："这片名可以。"

于是，片名就决定改为《向宇宙进军》。

我提出："钱老，我们想请你担任影片的总顾问。"

钱学森答复说："影片的总顾问，我看不当了吧。不要搞形式主义的。我热心于你这项工作的，我一定尽我的力量给你帮助，但是总顾问我不当。"

《向宇宙进军》是个总片名，这部影片分为"三部曲"，即第一部《飞出地球去》，讲述空间科学技术的发展史和基本原理；第二部《卫星的应用》，讲述各种人造卫星的应用；第三部《载人航天》，介绍中国的载人航天技术。

钱学森说："影片内容分三部分，大致上是可以的。怎么处理，是艺术问题。刚才我说过，我是个笨人，不懂艺术。我最近不看任何电影。影片要拍得有趣。不然，看的人会睡觉的。我就是这样。从前，看过一部影片，叫《电子计算机》，看了以后，我问别的同志，都说没看懂。"

我当即说，这部片子我参加拍摄的，没拍好。

钱学森哈哈大笑起来："想不到，正好说到你头上去了。科教片的内容，一定要符合科学；怎么表现，那是艺术问题。在编剧过程中，还有许多问题。改了看，看了改，要反复几次，要集中时间搞。拍好这部影片，一定要提倡科技人员与文艺工作者相结合。

"这部片子，总共九本，大部头，可以算是科教片中的巨片了，要多花点精力。不下功夫不行。要下决心搞好它。要真正去做工作，不是一般地说说，要认真去抓。上次我们国防科委拍原子弹的片子，别人写不好，后来朱光亚同志就亲自动手写脚本。"

钱学森拿起了拍摄提纲，按照提纲的内容，从第一部《飞出地球去》开始发表意见。

"我设想，影片一开始，就是发射卫星这个场面，很雄伟，很壮观，喷出火焰，声音很响。"

其实，钱学森不是"笨人"，他对电影也很在行。

后来，我按照钱学森的意见，影片一开始，就是中国酒泉发射卫星的壮丽场面。

钱学森接着说："火箭发射后，变成小点，越来越小，声音也越来越轻。然后，出现古代的幻想，配上古典音乐，古筝，引入古代的文物，无非是画、诗，诗情画意。但是要按时代顺序来排。"

钱学森的夫人是音乐家，所以钱学森对音乐也很在行。他连影片用什么样的音乐、用什么乐器演奏，都讲得那么具体。

他说："影片开头，是对太空美好的幻

想。提纲中没注意时代顺序，应按年代排列，最早是什么时候？我的脑子中，记得在古代文物里，最早是马王堆汉墓中发现的立轴，上面有月亮、太阳、神仙。怎么处理，你们考虑。"

钱学森所说的立轴，就是马王堆汉墓中发现的"T形帛画"（左上图）：这帛画出土时反盖在一号墓内棺的棺盖上，据考证是旌旗画幡一类的物品，出葬时，由人高举着走在仪仗的最前面，用以"引魂升天"。帛画分为天上、人间、地狱三个部分。华盖以上为天上部分，所绘以神、龙、日、月为主。人间部分以华盖为屋顶。华盖下是神禽飞廉，一只貌似猫头鹰的怪鸟专司引魂升天。

钱学森谈到了敦煌壁画《飞天》，也是体现了中国古代飞向太空的幻想。

钱学森也提到了中国古代"嫦娥奔月"的神话。他说，这表明中国人很早就幻想飞上太空，登上月亮。

后来，我在影片开头，拍了这样的一个镜头：从《嫦娥奔月》玉雕嫦娥脸部徐徐拉开，见到嫦娥飘然奔月的优美姿态，以表现中国古代人民美好的奔月幻想。

此外，西安出土的一座距今两千多年的西汉壁画墓中，墓室顶部绘有月亮图像，月亮上绘有象征月亮的玉兔和蟾蜍（右下图）。

● 《嫦娥奔月》玉雕

● 敦煌壁画《飞天》

在安徽省黟县西递村发现的清初木雕珍品《举杯邀明月》，刻画出唐代大诗人李白举杯邀月的动人情景（左上图）。

中国著名舞蹈家杨丽萍表演的舞蹈《月光》，也表现了中国古代人民奔月的幻想和追求（右下图）。

钱学森说："中国人最早发明火箭。这是世界公认的。我们发明了火箭，这是我们民族的光荣。在南宋的时候，我们发明了火箭。这一点，提纲中是讲到了，不太着重，但是值得给予相当的份量，这件事应该好好宣传一下。"

根据钱学森的意见，后来在影片中，我特地加了一个动画镜头，按照中国古代的火箭"飞火龙"的形象，设计了"火龙出水"的场面。钱学森在审查影片时，对这个动画镜头十分满意。

钱学森非常概括地说，空间技术分三部分，"送上去，传下来，接收"。

"送上去"，就是用火箭把卫星、飞船送上太空；"传下来"，就是把卫星、飞船在太空的观测数据传下来；"接收"，就是地面接收站接收来自太空的数据。

对于"送上去"，钱学森说："要宣传一下我们发射的火箭。火箭是空间技术的基础，要有一定的篇幅讲这件事情。"

我问钱学森，如何把握有关火箭的保密尺度。他回答说"关键看你是不是泄露要害。如果拍火箭，一个圆筒子，朝上跑，那有什么可保密？大家都是这个样子的嘛！现在你们别多想这些保密问题，多想了，会束缚思想。思想束缚了，什么都不敢动了。"

后来，我在送审影片时，钱学森总是要我坐在他的旁边，他一边看影片，一边随时谈意见，我在一旁作记录。我发现，钱学森审查影片非常仔细，尤其是涉及保密的问题。比如，在我看来，火箭发射时，尾部喷射的火焰极其壮观，所以先用尾部喷火近景，再跳接火箭上天远景。钱学森告诉我，那个近景一定要剪短，火箭尾部的喷射口刚一露出，马上跳远景。他说，那个近景，"外行人看热闹，内行人看门道"，泄密就会泄在近景上。所以，在影片中，大都用"一个圆筒子，朝上跑"，这样就避免了泄密。

钱学森说："第一部《飞出地球去》，讲原理，动画可能要多一点，讲第一宇宙速度，第二宇宙速度，第三宇宙速度。讲火箭，讲动力等等。"

后来，在影片中，就用动画说明基本原理：运动员用力推铅球，力气越大，铅球速度越快，落地越远。最后使尽力气一掷，铅球的速度达到每秒钟 7.91 公里，铅球就能绕着地球运行。这叫"第一宇宙速度"。火箭发射卫星、飞船，必须达到第一宇宙速度。

卫星、飞船如果离开地球，绕太阳运行，速度必须达到每秒钟 11.19 公里，这叫"第二宇宙速度"。

卫星、飞船如果飞出太阳系，在银河系中遨游，则速度必须达到每秒钟 16.66 公里，这叫"第三宇宙速度"。

钱学森对第二部影片《卫星的应用》说道："第七机械工业部副部长任新民托我转告你们，《卫星的应用》很重要，一定要拍好，因为卫星的各种应用看得见，摸得着，跟老百姓方方面面生活有关。拍好这一部分，会使观众感到空间科学技术很亲切，并非与老百姓的生活毫不相干。"

钱学森又说："卫星不一定拍外国的，拍我们自己的嘛，有的没上天，也可以拍。拍个外形，有什么保密。有的可以拍模型。卫星外形是无所谓的。国外对卫星不大保密，让外国人参观，但是对运载火箭保密很厉害，因为那东西直接涉及国防。"

根据钱学森的意见，我们拍摄了中国第一颗人造地球卫星"东方红一号"。"东方红一号"是在 1970 年 4 月 24 日发射上天的，总重量为 173 千克。"东方红一号"除了上天的那颗之外，还留有完全相同的另一颗。我们拍摄了这颗"东方红一号"实物。

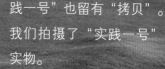

严格地说，"东方红一号"是一颗"政治卫星"。它的主要功能是在太空中不断发射"东方红"乐曲电波。"东方红一号"成功上天，显示了中国空间科学技术的发展水平，意味着中国成为世界上第五个能够独立发射人造地球卫星的国家。

中国的第二颗人造地球卫星是"实践一号"，是在 1971 年 3 月 3 日发射上天的。"实践一号"也留有"拷贝"。我们拍摄了"实践一号"实物。

"实践一号"安装了太阳能硅电池。在太空中，太阳能电池把太阳光能转换为电能，使"实践一号"内的各种仪器在太空中长

期正常工作，把在太空中观测所得的数据不断发回地面。

● 我们还拍摄了我国各种人造卫星模型
以及卫星上装载的仪器。

● 这张照片是拍摄时的工作照。左为导演叶永烈，
  右二为摄影师张崇基

钱学森说："七机部的同志说，拍摄提纲对接收反映不够，地面站要多讲一点。我同意他们的意见，地面站是应当多讲一点。地面站很重要，地面系统是相当庞大的。没有地面站，是不行的。它还涉及时间统一、标准时间等等一大套东西。地面站可以拍，有进口的地面站嘛，那东西有什么保密？"

根据钱学森的意见，我们摄制组到上海莘庄拍摄了从美国进口的地面站。这是美国总统尼克松在 1972 年 2 月访问中国时，美国媒体为了及时报道尼克松访问电视实况，通过美国的通讯卫星向全世界转播，便从美国带来这个地面站，安装在上海莘庄。

这是出现在影片中的各种各样的地面站。巨大的可以旋转的碗状天线，接收来自太空的电波，接收卫星和飞船在太空中获得的数据。

为了说明空间科学技术与人民生活息息相关，影片拍摄了我国的气象卫星（左图）。那方形的铅灰色的板，便是太阳能电池板。

在没有发射气象卫星之前，只能依靠气球携带仪器探测地球表面云层的情况（右下图）。

气象卫星"高高在上"。站得高，看得远，能把从太空观测所得的地球气象数据，发送到地面站。这样就大大提高了气象预报的准确性。

我们也去天文台进行拍摄。那里正在接收天文卫星发回的数据。天文卫星在太空中没有云雾的阻挡，可以清晰地观察各种星体及其运行轨道。

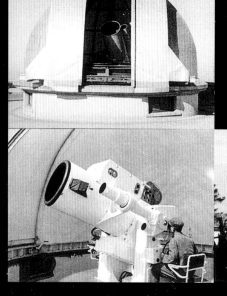

　　影片中也出现"太空侦察兵"——侦察卫星的镜头。侦察卫星居高临下，俯视地球，而且每天可以绕地球好多圈，有着极大的侦察优势。当然，侦察卫星用的是外国资料。上图是日本的侦察卫星在对地面进行扫描。下图是侦察卫星拍摄的军事要地——宇宙火箭发射场的照片，可以清楚地看见火箭发射架。

　　钱学森说："国外宣传卫星的作用，总是结合经济上的作用。这说明，虽然空间技术很花钱，但是花钱是值得的。比如，森林着一次火，损失很大，用卫星可以及早发现火灾，减少损失。"

　　他又说："卫星通讯和广播，为什么比地面好？资源卫星为什么比地面勘察好？这实际上是使人的活动范围扩大了，扩大到全球，这是任何飞机所无法做到的。在同步卫星上，一眼就可以看到半个地球，视野非常宽阔。好处多得很呢！"

　　根据他的意见，我们拍摄了当时矗立在上海青海路上的上海电视塔（右图），用动画表明上海电视塔是怎样接收来自通讯卫星的电视讯号（左图）。

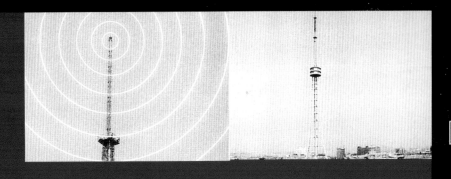

　　船舶在茫茫大海之中，借助于导航卫星在太空中发来的讯号，可以准确地定位、定向。为了拍摄好这组镜头，我们上了潜水艇，因为潜水艇在水中航行，最需要得到导航卫星的帮助。

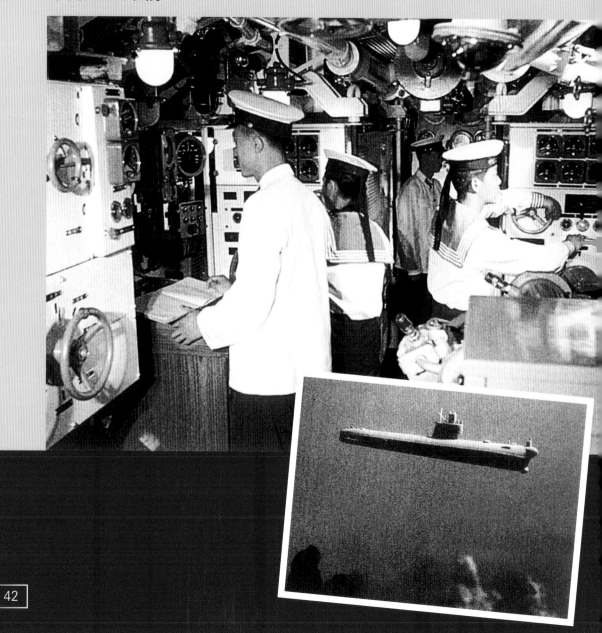

四 激烈的美苏航天竞争

在谈完影片的第二部《卫星的应用》之后，钱学森开始谈第三部《载人航天》。

当时，惯用的说法是"宇宙飞行"，我注意到钱学森总是用"载人航天"一词。我问起"航天"的含义。钱学森告诉我，"航天"一词是他提出来的，而他是从"航海"、"航空"类推出来的。他说，既然在大海中航行叫"航海"，在空中航行叫"航空"，那么飞行器在地球附近的天空中或者太阳系中飞行，就叫"航天"。航天器如果载人，叫"载人航天"。

我在第七机械工业部花费了很多时间观看了美国和苏联的载人航天电影。我发现，第七机械工业部所搜集的美国和苏联的载人航天电影真多。在拍摄提纲中，对于第三部《载人航天》，我写了苏联和美国的载人航天，打算大量采用苏联和美国的载人航天的电影资料。当时，我一个字也没有涉及中国的载人航天——当时中国的载人航天处于严格保密之中，所以我在第七机械工业部采访的时候，无法进入中国的航天基地。第七机械工业部无法决定能否拍摄中国的载人航天。

观看了那么多美国和苏联的载人航天电影，使我对于世界的载人航天史有了了解，也使我对"冷战"时期美苏在空间科学技术领域的激烈竞争有了了解。

在苏联解体之后，我来到莫斯科。巧，真巧，我所住的宾馆的大门口，写着"KOCMOC"和"COSMOS"。

"KOCMOC"是俄文，"COSMOS"是英文，译成中文都是"宇宙"。

宇宙宾馆是莫斯科知名度很高的四星级宾馆，颇有气派。主楼是一幢浅褐色的弯月形大楼。在宾馆大堂、餐厅的四壁，挂着各种宇宙星云的油画，仿佛在营造一种"宇宙"的气氛。

我住在宇宙宾馆十楼。从窗口望出去，气势不凡的宇宙火箭纪念碑昂然挺立在眼前。

火箭纪念碑高达二百来米。全碑表面覆盖着不锈钢，在阳光下熠熠生辉。火箭

● 莫斯科宇宙宾馆

● 宇宙火箭纪念碑

纪念碑的最高端是一枚飞向太空的宇宙火箭。整个纪念碑呈镰刀形，仿佛是宇宙火箭上天时从尾部喷射出的火焰。

火箭纪念碑是为纪念苏联在宇宙飞行上的突出成就而建造的。苏联夺取了宇宙飞行的两个"世界第一"：

1957年10月4日，苏联用宇宙火箭发射了世界上第一颗人造卫星；

1961年4月12日，苏联用宇宙火箭把人类第一个宇宙飞行员加加林推上太空。

弯月形的宇宙宾馆，正对火箭纪念碑，正因为这样，以"宇宙"来命名。

● 齐奥尔科夫斯基
头像的苏联邮票

　　火箭纪念碑离宇宙宾馆只 500 米之遥。清早散步，穿过跨街地道，走过一个集市，就可以来到火箭纪念碑下。从纪念碑底下仰视顶部的火箭，益发显得纪念碑的雄伟高大。

　　纪念碑前，矗立着苏联航天之父康斯坦丁·齐奥尔科夫斯基 К.З.Циолковский，1857–1935) 的塑像。

　　齐奥尔科夫斯基童年的时候不幸得了猩红热，留下耳聋的后遗症。从此，他无法上学，但是他在图书馆大量读书，刻苦自学。

　　1883 年，26 岁的他提出宇宙飞船必须利用喷气原理才能升上太空。此后，他写出关于喷气式发动机的论文，阐述了火箭飞行的基本理论，提出用液体燃料燃烧推进宇宙火箭前进。经过多年研究，他还提出重要的多级火箭的理论：因为火箭本身很重，装入大量液体燃料之后更重，起飞后一下子难以达到第一宇宙速度。把火箭分为多级，起飞之后，把一级级燃料耗尽的火箭脱去，这样大大减轻火箭的重量，也就使火

箭所运载的卫星、飞船达到第一宇宙速度。他的理论，奠定了宇宙飞行的基石。

在齐奥尔科夫斯基时代，尽管还无法把载人航天化为现实，但是他写了两部科学幻想小说，即《在地球之外》和《在月球上》，通过小说描述了他的想象。

1957 年 10 月 4 日，苏联成功发射世界上第一颗人造地球卫星"宇宙一号"，这是空间科学技术史上划时代的里程碑。

其实，在 1956 年，美国已经在积极准备发射人造地球卫星。苏联得知了这一情报，加快了发射人造地球卫星的步伐，抢到了这个"世界第一"。

后来，美国的核物理学家鲍勃·布芬恩否认了苏联的这个"世界第一"。他说，早在苏联发射第一颗人造地球卫星前五周，美国已经发射了世界上第一颗人造地球卫星！

如果世界上第一颗人造地球卫星是由美国发射的，那么如此重要的消息，不是由美国政府发布，而由一个核物理学家发布？

原来，1957 年 8 月 27 日，美国在内华达州沙漠里进行了一次地下核试验——在 150 米深的井底爆炸了一颗核弹，爆炸时巨大的冲力把厚达 10 厘米、重几百千克的井盖送上了天空。鲍勃·布芬恩说，这井盖以超过第一宇宙速度的速度飞出地球，成了世界上第一颗人造地球卫星。

● 火箭纪念碑底部，是苏联宇航科学家们的群像浮雕

且不论井盖算不算人造地球卫星，人们指出，那井盖之下还有一道厚厚的水泥板，核爆炸的力量不可能使井盖达到第一宇宙速度。鲍勃·布芬恩想以这个"井盖卫星"夺取"世界第一"，只是表明了美国对于发射世界上第一颗人造地球卫星这一桂冠落到苏联手中的不快之意。

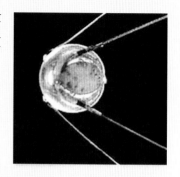

苏联发射的第一颗人造地球卫星"宇宙一号"重量为83.6千克，球形，伸出4根天线，造型相当漂亮。在当时，"宇宙一号"的照片出现在世界各国报纸之上。以"宇宙一号"形象制成纪念章，风靡世界。"宇宙一号"的成功发射，为苏联赢得了一片掌声。

苏联在发射第一颗人造地球卫星之后不到一个月，1957年11月2日又发射了第二颗人造地球卫星"宇宙二号"。"宇宙二号"要比"宇宙一号"重得多，因为运载了一只名叫"莱依卡"的小狗，又一次轰动了世界。莱依卡成了第一个飞上太空的动物明星。

不过，那时候苏联还没有掌握卫星的回收技术，所以莱依卡在太空中飞行了4天之后因氧气耗尽而悲惨地死去。"宇宙二号"在太空中绕地球转2570圈之后，于1958年4月14日坠落，在进入大气层时销毁，莱依卡的遗体也随之"火化"。

美国急起直追，终于在 1958 年 2 月 1 日发射了第一颗人造地球卫星，重量为 8.3 千克，形状为圆柱体。

这样，当时世界上的两个超级大国，开始在太空中展开一场激烈的角逐。谁都明白，这场角逐并不仅仅只是表现各自在太空中的"绝招"，更重要的是，卫星是用火箭推上太空的，而火箭是军事力量的重要象征，因为火箭可以装载卫星，当然也就可以装载导弹；火箭可以把卫星送上太空，也就意味着可以把导弹送到地球上的任何一个角落。

在这场太空竞赛之初，苏联占了优势。苏联不仅发射了人类历史上的第一颗人造地球卫星，而且在 1961 年 4 月 12 日用宇宙火箭把人类第一个宇宙飞行员加加林推上太空。

加加林环绕地球一周之后，重新进入大气层，在离他出发地点几百千米的萨拉托夫州捷尔诺夫卡区斯梅洛夫村着陆。加加林的第一次太空飞行，是在莫斯科时间上午 9 时 7 分发射，于上午 10 时 55 分着地，历时 1 小时 48 分钟。

加加林的名字，顿时传遍了全世界。他回到莫斯科时，受到成千上万群众的夹道欢迎。赫鲁晓夫亲自授予加加林列宁勋章。加加林成为世界公认的"太空第一人"，成了苏联英雄。

加加林所说的一段话，也为人们津津乐道："当我乘坐太空船在地球轨道上运行时，我为地球的美丽而惊奇。地球上的人们，让我们保护并增加她的美丽，而不是去破坏她！"

在莫斯科，我见到加加林广场。在广场正中，矗立着高高的用不锈钢制成的纪念碑，用不锈钢制成的加加林塑像站在纪念碑的顶上。雕塑家以银白色的不锈钢来表达"太空色彩"。

我发现，俄罗斯人非常喜欢加加林。他们说，加加林不仅是勇敢而机智的太空英雄，而且还是一个活泼、可爱、英俊、热情的小伙子。正因为这样，在评选 20 世纪的俄罗斯最有影响的人物时，加加林排名第七——在他之前的第六名是苏共中央总书记戈尔巴乔夫，而在他之后的第八名是俄罗斯首任总统叶利钦。加加林作为一位宇航员，他的声望居然介于戈尔巴乔夫与叶利钦之间，足见加加林在俄罗斯的广泛影响。

● 图为苏共中央第一书记
赫鲁晓夫（中）和加加
林（右）以及苏联第二
位"太空人"季托夫在
莫斯科红场检阅台上

季托夫被誉为"第二太空人"，又被称为"第一个在太空睡觉的人"。

季托夫是在1961年8月6日，继加加林之后乘"东方2号"宇宙飞船飞上太空，成为世界上第二个"太空人"。

加加林在太空只呆了1小时48分钟，而季托夫在太空中飞行了25小时11分钟，围绕地球17圈，航程70万千米，所以也就成了第一个在太空中"睡觉"

的人。

其实，季托夫也是第一个在太空中吃饭的人。加加林的飞行时间短暂，所以用不着为他准备太空食品。季托夫则在太空中用餐3次。他是通过挤压牙膏一样从装了食品的软管里吮吸太空食品。回到地面后，季托夫说飞行时感到头晕。后来被证实，季托夫头晕是吃不饱造成的不适。当时苏联的"太空餐"的头一道菜是一杯蔬菜汤，第二道菜是肝泥，最后一道是一杯黑浆果汁。这对于季托夫来说，当然吃不饱，自然会头晕。

季托夫后来成为苏联航天部队副司令、

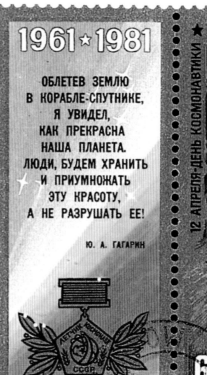

俄罗斯宇航联合会主席、上将。2000年9月20日，季托夫因心力衰竭逝世，享年65岁。

苏联把一批又一批宇航员送上太空，向世界显示了自己国力的强大。

我在苏联解体之后，在俄罗斯买到许多关于宇航员以及宇宙火箭、卫星、飞船的苏联纪念邮票。

上图是纪念加加林飞上太空20周年的纪念邮票。这是双联票，右边是穿宇航服的加加林，左边是加加林的那句名言："当我乘坐太空船在地球轨道上运行时，我为地球的美丽而惊奇。地球上的人们，让我们保护并增加她的美丽，而不是去破坏她！"

● 图为5枚关于宇航员的苏联纪念票

加加林是赫鲁晓夫时代的英雄。赫鲁晓夫深为苏联在与美国展开的"和平竞赛"中遥遥领先而洋洋得意。

在加加林上天一个月之后，美国也进行了一次载人航天飞行。但是这次飞行没有进入轨道，只在空中作了 15 分钟的亚轨道飞行，便回到了地面。

直到 1962 年 2 月 20 日，美国这才成功地进行了第一次载人航天飞行，宇航员约翰·格林在轨道上停留了近五小时。即便如此，仍不能与不久前苏联宇航员季托夫在太空中飞行 25 小时 11 分钟的纪录相提并论。

格林当时 41 岁（左上图）。

他曾经担任喷气式战斗机驾驶员多年，有着丰富的空中经验。

可贵的是，36 年之后——1998 年，已经 77 岁高龄的格林，第二次飞向太空（右上图）。他在美国"发现号"航天飞机上作了九天太空飞行。

2003 年 2 月，为了纪念"哥伦比亚号"遇难的宇航员，82 岁的格林和夫人出席了美国航空航天局在休斯顿航天中心举行的悼念活动（中图）。

宇航员并非男性的专利。其实，中国古代所幻想的嫦娥，仕女飞天，都是女性。

1963 年 6 月 16 日，苏联在国际妇女代表大会召开前夕，把女宇航员瓦莲金娜·捷列什库娃送上太空，在当时引起极大的新闻轰动，人称"穿裙子的宇航员"。苏联又摘取了一个"世界第一"。

捷列什库娃当时 26 岁（右上图），在"东方六号"飞船上生活了 72 小时 42 分，围绕地球飞行了 72 圈。

捷列什库娃说："我的太空服虽然超过了 90 千克，但与男宇航员的太空服相比，它很漂亮。胸前一侧绣了一只美丽的和平鸽，另一侧绣的是一只海鸥，我的飞行代号是海鸥。"

捷列什库娃说："我在宇宙飞船中就像在自己家中一样。我几乎一点也没睡，因为我不想漏掉任何细节。有件事使我奇怪，在地球上我常常梦见许多事情，而在太空中，我却没做过任何梦。也许因为我用皮带紧紧地捆住自己，一点睡意也没有。"

人们曾经担心，上太空会不会影响女性的怀孕和分娩。捷列什库娃回到地球 5 个月后，与一名男宇航员结婚，第二年生下一个健康的女孩。

此后，1984 年在太空行走的第一位女性——苏联宇航员斯韦特兰娜·萨维茨卡娅，返回地球一年半后，也"喜得贵子"。

捷列什库娃和萨维茨卡娅用事实表明，上太空并不会影响女性的怀孕和分娩。

2003 年是捷列什库娃飞上太空 40 周年纪念。她访问了中国。

● 图为捷列什库娃近影

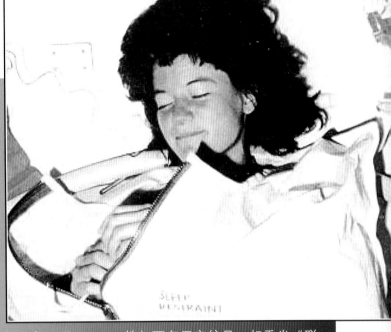

在捷列什库娃成为世界上第一个飞上太空的女性之后，第二个进入太空的女性是苏联的斯·萨维茨卡娅，她是苏联空军元帅的女儿。在成为宇航员前，她曾获得世界妇女特技飞行

冠军。1982年8月19日，她与两名男宇航员一起乘坐"联盟"T－7号宇宙飞船飞向太空，成为世界上第二位进入太空的妇女。两年后的1984年7月27日，萨维茨卡娅再次乘坐飞船进入太空，并勇敢地走出飞船，完成了电焊、切割和喷涂等太空作业。

1983年6月18日，美国萨利·赖德乘"挑战者"号航天飞机飞上太空，成为美国第一位、世界第三位进入太空的女宇航员。1984年，赖德再一次乘坐"挑战者"号航天飞机进入太空。上图为赖德在太空睡袋里睡觉。

此后，美国有30多位女性飞上太空，成为"太空半边天"。其中有首次实现"太空行走"的美国女宇航员凯·沙利文，第一名黑人女宇航员梅·杰米森，第一名太空女教师克·麦考利夫，以及第一位5次进入太空并创造了女性太空连续飞行188天世界最高纪录的香·露西德等。

在众多的太空女杰之中，美国的艾琳·柯林斯摘取了两个"世界第一"——世界上第一位航天飞机的女驾驶员和世界上第一位航天飞机的女指令长。

艾琳·柯林斯在1995年2月，首次驾驶"发现"号航天飞机进行了8天的太空飞行，实现了与俄罗斯"和平"号空间站的历史性对接，成为世界上第一位航天飞机女驾驶员。

1999年7月23日，当柯林斯第3次飞向太空时，她担任航天飞机"哥伦比亚号"的指令长，成为世界上第一位航天飞机的女指令长。

许多国家的巾帼英雄们加入了宇航员的行列。她们搭乘苏联、美国的飞船或者航天飞机也飞向太空。

日本第一位女宇航员向井千秋（左上图）在1994年和1998年两度随美国航天飞机进入太空。

法国女宇航员克洛迪·艾涅尔是欧洲第一名在国际空间站工作的女宇航员。左下图是2001年10月31日，艾涅尔从国际空间站返回地球时降落到哈萨克斯坦境内。

2002年6月17日，法国总统府宣布，曾经两次进入太空的法国女宇航员克洛迪·艾涅尔被任命为法国新政府科研与新技术部部长级代表。法国媒体称，这一

任命是一个惊喜。中图是当选部长时的艾涅尔。

要奋斗就会有牺牲。灾难与幸福同行。

1986 年 1 月 28 日，美国女宇航员朱迪斯·雷斯尼克（右图）在"挑战者"号航天飞机失事中遇难。

1949 年 4 月 5 日，朱迪斯·雷斯尼克生于俄亥俄州阿克伦。她曾先后获得 Carnegie-Mellon 大学电气工程专业学士和马里兰大学电气工程专业博士学位。遇难时年仅 37 岁。

2003 年 2 月 1 日，印度裔女宇航员、41 岁的卡尔帕娜·茶乌拉（英文名：舒拉）在乘坐美国"哥伦比亚号"航天飞机返回地球时与其他 6 名宇航员一同遇难。

卡尔帕娜·茶乌拉（右下图）是第一位印度裔美国宇航员，出生于印度北部哈里亚纳邦的卡尔纳尔。茶乌拉从小就对神秘的天空充满好奇，立志做一名探索太空奥秘的科学家。1982 年，茶乌拉在获得旁遮普工程学院航空工程学士学位后赴美国深造，先后获得德克萨斯大学航空工程学硕士学位以及科罗拉多大学博士头衔，并加入美国国籍，嫁给了一位印度裔作家兼自由撰稿人、飞行教练索迪普·辛格（英文名字：金－皮埃尔·哈里逊）。

她不幸遇难之后，印度举国哀悼。她被誉为印度"民族女英雄"。

在激烈的美苏太空对抗之中,最初美国处于劣势。

美国当然不甘示弱。1960年11月8日,年轻的约翰·F·肯尼迪(左上图)当选美国总统,他决心在"太空竞赛"上战胜苏联。

美国决心在登月飞行上夺取第一,超过苏联。1961年5月25日,美国总统肯尼迪在国会提出著名的"阿波罗"登月计划,即在10年内把美国人送上月球并安全返回。

美国宇航局根据总统的命令,组织了40多万人、耗费250多亿美元进行"阿波罗登月工程"。

在美国总统肯尼迪决策实行"阿波罗"登月计划之后的8年中,美国进行多学科、大规模联合攻关:参加这个计划的主要公司达2万家;参加工作的大学有120来所;其中宇宙工业与电子工业的科学家、工程师达4.3万人;这项规模空前的计划,可以说是人类历史上规模最大的科学工程。

在8年之中,美国一连发射10艘"阿波罗"飞船。

1969年7月16日,美国发射的"阿波罗十一号"飞船载着3名宇航员,终于登上了月球,震撼了全世界。"阿波罗"登月成功,为美国在航天史上争得一个重量级的"第一"。

对于美国的航天成就,当时我反复观看了第七机械工业部提供的参考影片《"阿

波罗"登月》，从中选取了许多镜头，用于《向宇宙进军》影片。事隔多年之后，我多次前往美国。在美国首都华盛顿，我详细参观了美国国家航空航天博物馆（左下图），对于美国的航天事业有了更加深刻的感性认识。

美国国家航空航天博物馆有 24 个展厅，共有 1.8 万平方米的展览面积。

博物馆的正厅命名为"飞行里程碑"，形形色色的飞行器或悬吊在大厅天花板下，或停放在宽敞大厅的地面上。这里有最原始的飞行器：中国古代的风筝和火箭的模型；蒙特哥菲尔兄弟飞越巴黎上空的热气球复制品；莱特兄弟的"飞行者"一号飞机（右中图）。

在莱特兄弟飞机的近旁，我的目光被举世闻名的"阿波罗十一号"飞船所吸引（中下图）。"阿波罗十一号"飞船由三部分所组成：左面那巨大的圆柱体是服务舱，中间那锥形体是指令舱，右面与指令舱相连的是登月舱（右下图）。

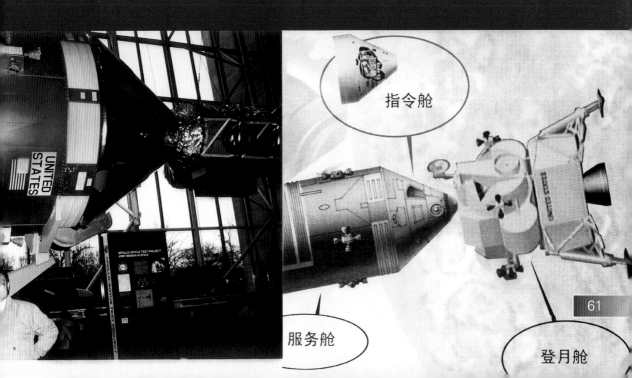

指令舱

服务舱

登月舱

"阿波罗十一号"飞船遨游太空，飞船的下方便是人类的家乡——可爱的地球。

从"阿波罗十一号"飞船上见到的月亮。从中国古代的神话《嫦娥奔月》算起，多少年来，人们幻想着来到这个神秘的"广寒宫"。

终于梦想成真。"阿波罗十一号"飞船在月亮上着陆。

格林尼治时间 1969 年 7 月 16 日 4 时 07 分，这是历史性的时刻。"阿波罗十一号"宇航员阿姆斯特朗从登月舱下到月球。寂静的月亮上，出现第一个人类的脚印。这个脚印见证了载人航天的辉煌，见证了人类征服自然的能力。阿姆斯特朗激动地说："这对一个人来说，只不过是小小的一步，可是对人类来讲，却是巨大的一步。"

月球比地球小，因此月心引力比地心引力小。美国宇航员阿姆斯特朗和奥尔德林虽然穿着厚厚的宇航服，却十分轻松、"跳跳蹦蹦"地在月亮上行走（下图）。

登月舱上升到月球轨道。从登月舱往外看，见到了指令舱下面的月球（上图）。

在月球上观看地球冉冉升起。这种"地出"景象，是在地球上生活惯了的人们所从未见过的（下图）。

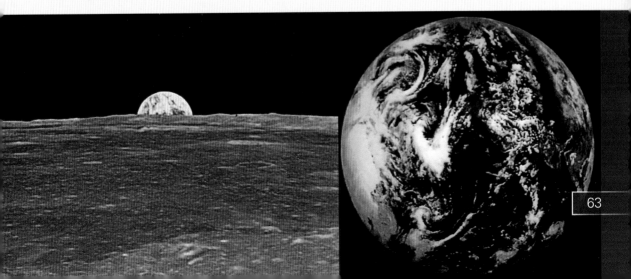

1969 年 7 月 24 日，"阿波罗十一号"飞船载着 3 名美国宇航员返回地球，预定落在太平洋。

为了及时捞救落入太平洋中的宇航员，美国派出了 9 艘军舰、54 架飞机和 7000 多名官兵前往太平洋。其中的旗舰是"黄蜂号"航空母舰。美国总统尼克松坐镇"黄蜂号"航空母舰，指挥这一举世瞩目的重大行动。众多新闻记者也蜂拥在"黄蜂号"航空母舰上。

2001 年，当我住在美国旧金山的时候，得知"黄蜂号"航空母舰停泊在旧金山东湾阿拉米达小岛，便去参观。

我饶有兴味地登上硕大的"黄蜂号"航空母舰。航空母舰是"海上巨无霸"。航空母舰既是海上的流动机场，也是流动的军事基地。

"黄蜂号"航空母舰给我留下的深刻印象，可以用一个字来概括，那就是"大"！

我登上"黄蜂号"航空母舰飞行甲板，哇，比足球场大多了！在飞行甲板上，足以停下 100 架飞机。

当时，欢迎的人群，站满了"黄蜂号"航空母舰的甲板。人们以急切的目光，等待着太空英雄的归来。

美国总统尼克松就坐在"黄蜂号"航空母舰的这座指挥塔里。

1969 年 7 月 24 日中午 12 时 41 分，尼克松总统（左上图）在"黄蜂号"航空母舰上看到了"阿波罗十一号"飞船划过碧空，落在太平洋碧波之中。

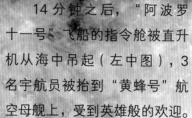

14分钟之后，"阿波罗十一号"飞船的指令舱被直升机从海中吊起（左中图），3名宇航员被抬到"黄蜂号"航空母舰上，受到英雄般的欢迎。

尼克松总统在"黄蜂号"航空母舰上亲自主持欢迎典礼，发表热情洋溢的演说。这一天，成为"黄蜂号"航空母舰历史上最辉煌的一页。

在"黄蜂号"航空母舰飞机仓库的一角，我见到陈列着"阿波罗十一号"宇航员降落时所乘坐的太空舱实物（中上图）。

美国各地万人空巷，热烈欢迎"阿波罗十一号"的登月英豪，其规模绝不亚于当年苏联欢迎加加林归

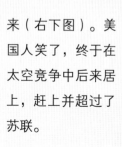

来（右下图）。美国人笑了，终于在太空竞争中后来居上，赶上并超过了苏联。

此后，美国又多次发射"阿波罗"飞船，美国宇航员多次登上月球，继续对月球进行科学考察。他们甚至驾驶着月球车，在月球上行进（右上图）。

在华盛顿美国国家航空航天博物馆里，我见到美国宇航员从月球上带回的石头。那块石头黑色，非常坚硬，只有小学生的橡皮擦那么大。这月球石比金刚石还贵。这倒不是因为月球石本身贵重，而是因为"阿波罗"登月计划花费了250多亿美元，按照如此高昂的成本折算，从月球上运回的月球石，其价值相当于金刚石的35倍！

据说，美国曾打算用一块月球石换一个中国的兵马俑，遭到了中国的拒绝。因为在中国人看来，随着中国宇宙飞船的上天，中国宇航员拿到月球石只是个时间问题，而兵马俑无法再"增生"，是稀世的国宝，当然不能用月球石来交换。

我倘佯在美国国家航空航天博物馆，这里没有"请勿动手"的标牌，观众可以自己动手操作，可以随意拍摄展品。

在那里，我拍着美国宇航员肩膀，一起合影。

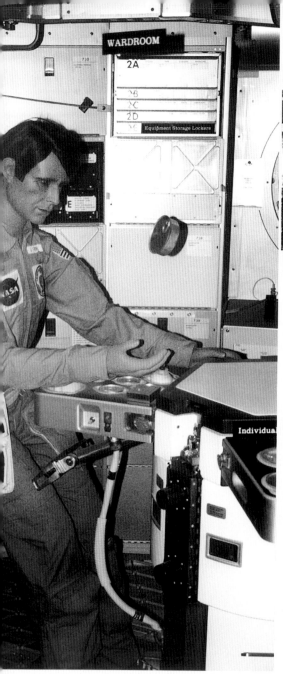

在美国国家航空航天博物馆，最吸引人的是美国的"太空实验室"实物。

"太空实验室"是美国在 1973 年 5 月 14 日发射的。"太空实验室"也就是空间轨道站，是建立在太空的实验基地。

"太空实验室"在发射的时候没有载人。在"太空实验室"进入轨道之后，先后有 3 批共 9 名美国宇航员乘坐"阿波罗"飞船来到那里，进行观测、研究。这三批美国宇航员在"太空实验室"分别生活了 28 天、59 天、84 天。

"太空实验室"呈圆筒状，长 15 米，内径 7 米，分为上下两层。我沿舷梯进舱，见到美国宇航员蜡像，也看到装有各种仪器设备的实验室，以及贮存水、食品和器材的库房。

这是我在影片《向宇宙进军》中所用

的美国"太空实验室"镜头（右下图），可以看得出，里面还算"宽敞"。

宇航员可以通过"太空实验室"的圆形舷窗观察太空。

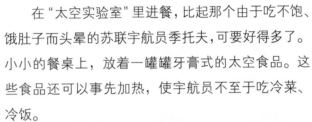

宇航员们也利用"太空实验室"的特殊太空环境，进行生物医学、空间物理、资源勘测、天文观察等各种科学实验。

为了便于进行各种科学实验，"太空实验室"里安装了许许多多科学仪器。

在"太空实验室"里进餐，比起那个由于吃不饱、饿肚子而头晕的苏联宇航员季托夫，可要好得多了。小小的餐桌上，放着一罐罐牙膏式的太空食品。这些食品还可以事先加热，使宇航员不至于吃冷菜、冷饭。

"太空实验室"里的床，只不过是一个挂在那里的睡袋而已。

宇航员在"太空实验室"里，处于失重状态，所以钻进睡袋，便可以晃晃悠悠进入梦乡。倘若睡袋不是用钩子固定在舱壁上，那么那睡袋就会在"太空实验室"里四处"飘游"。

我注意到"太空实验室"的"地板"，看上去像铁丝网，一个个三角形的洞孔紧挨在一起。

原来，宇航员的特殊的鞋子的鞋底前掌，有一个凸出的三角形，正好卡在"地板"的三角形洞孔里。这样，宇航员才能在"地板"上行走。因为在太空中处于失重状态，没有这样特殊的鞋子和"地板"，宇航员就只能在"太空实验室"里飘来飘去，无法行走。

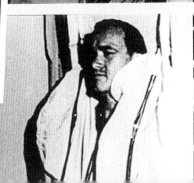

就在美国节节胜利的时候，苏联也加快了太空竞争的步伐。苏联向太空发射了一艘又一艘"联盟号"载人飞船，与美国争霸于太空。

美国与苏联成为两个"太空霸主"。为了显示美国与苏联在太空中的强势地位，曾经进行了一次"合作"——太空握手。

格林尼治时间1975年7月15日12时20分，苏联的"联盟十九号"飞船从拜科努尔发射场发射升空。

在苏联的"联盟十九号"飞船发射后7小时30分，美国"阿波罗十八号"飞船从肯尼迪航天中心上天。

在"联盟十九号"飞行了36圈，"阿波罗十八号"飞船飞行了29圈，两艘飞船彼此接近，进行对接。

"联盟十九号"飞船和"阿波罗十八号"飞船成功地在太空对接。美国和苏联的宇航员在太空中握手，进行互访。全世界数以亿计的观众目睹了这一历史性场面。

在华盛顿美国航空航天博物馆，我见到了美国"阿波罗十八号"飞船和苏联"联盟十九"号飞船实现对接的模型。

与载人飞船相比，空间站具有容积大、载人多、寿命长、可综合利用的优点。就空间站而言，苏联早于美国的"太空实验室"。1971年4月9日，苏联发射世界上第一艘长期停留在太空的"礼炮一号"空间站。此后，苏联又接连发射了7个"礼炮号"空间站。

　　1986 年 2 月 20 日，苏联开始在太空建设庞大的"和平号"空间站，把"和平号"空间站的工作舱、过渡舱、服务舱等基础构件送入太空。此后，又发射 5 个太空舱，与基础构件成功对接。"和平号"空间站看上去像一朵在太空盛开的鲜花。

　　1987 年，"和平号"空间站正式建成并投入使用。"和平号"空间站比美国的"空间实验室"要大，体积达 400 立方米，总重量为 137 吨，被誉为"人造天宫"。

　　"和平号"空间站成为人类在太空中"建造"的"领土"。"和平号"空间站上天之后，经历了苏联解体，变成了俄罗斯的"太空领土"。除了苏联（俄罗斯）许多科学家在这里进行科学研究之外，还先后接待了包括阿富汗、奥地利、保加利亚、法国、德国、日本、叙利亚、英国和美国等十几个国家 24 个乘务组的 62 位科学家，取得了一大批空间科研成果。

　　俄罗斯宇航员瓦列里·波利雅科夫博士在"和平号"空间站上工作了 14 个月，创造了人类最长的航天纪录。

　　"和平号"空间站在太空中工作了 15 年，完成历史使命，最后由俄罗斯科学家控制，于 2001 年 3 月 23 日坠入新西兰和智利之间的南太平洋预定海域销毁。

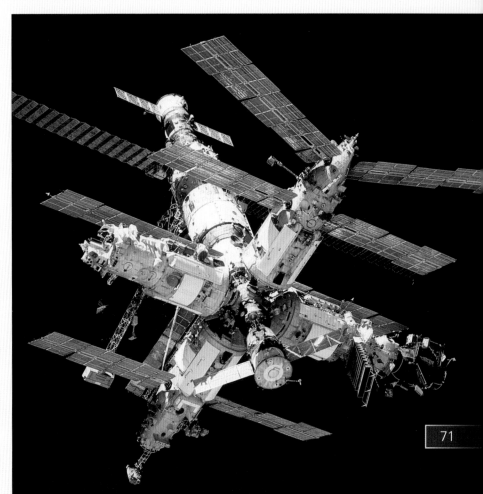

在华盛顿美国国家航空航天博物馆，我还仔细参观了美国的航天飞机。当然，由于航天飞机过于庞大，所以那里展出的只是模型。

航天飞机的发明，是人类征服宇宙道路上的一大胜利。因为飞船只是一次性的载人航天工具，成本很高，而航天飞机可以多次重复使用，大大降低了载人航天的成本。这样，宇航员可以像乘飞机那样上天，又可以像乘飞机那样返回地球。

1981年4月21日，美国成功发射并返回世界上首架航天飞机"哥伦比亚号"，这个"世界第一"成为人类航天史上的重大成就。

后来，美国又相继发射了"发现号"（如图）"挑战号""奋进号""亚特兰蒂斯号"航天飞机。一架又一架航天飞机穿梭于地球与太空之间，被人们称为"太空穿梭机"。

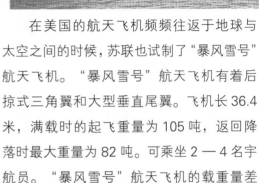

在美国的航天飞机频频往返于地球与太空之间的时候，苏联也试制了"暴风雪号"航天飞机。"暴风雪号"航天飞机有着后掠式三角翼和大型垂直尾翼。飞机长36.4米，满载时的起飞重量为105吨，返回降落时最大重量为82吨。可乘坐2—4名宇航员。"暴风雪号"航天飞机的载重量差

不多是美国航天飞机的5倍。整个飞机表面覆盖近4万块耐高温防热瓦，以抵御飞机在返回大气层时与大气摩擦产生的高温。

1988年，"暴风雪号"航天飞机成功地进行了一次不载人飞行，绕地球飞行两周后降落到拜科努尔发射场。

然而，随着苏联的解体，俄罗斯经济拮据，无力再发射航天飞机。"暴风雪号"航天飞机只好"趴"在航天基地。

在莫斯科的莫斯科河畔，我见到供人参观的航天飞机，上面写着醒目的俄文"БУРАН"，即"暴风雪"号。

一般情况下，航天飞机每次飞行后，经过2—4周的检修，就又可以重新发射升空，可以反复使用100个架次，其作用相当于发射100艘飞船。正因为这样，航天飞机的出现，大大节省了载人航天的成本。

苏联只试制了一架航天飞机，只试飞了一个架次，便因苏联解体而"下岗"了。

美国则拥有4架航天飞机，不断地穿梭于地球与太空之间，使美国在太空竞争中占了很大的优势。

1986年1月28日，对于美国人来说，是悲惨的日子。"挑战者号"航天飞机在起飞时发生爆炸，7位宇航员全部遇难，成为人类航天史上的一次大灾难。"挑战者号"是美国研制的第二架航天飞机。这次是"挑战者号"的第十次飞行。

"挑战者号"的空难，并没有动摇人们对于航天飞机的信心。从1981年到2003年，美国"哥伦比亚号""发现号""亚特兰蒂斯号""奋进号"这4架航天飞机安全地将超过1360吨的仪器设备和物资运上太空，运载宇航员超过600人次。

然而，在2003年2月1日，已经安全飞行了22年的美国第一架航天飞机"哥伦比亚号"（左上图）在作第28航次飞行时，在返回地球途中，距离预计着陆时间只有15分钟时，突然在美国德克萨斯州上空6.1万米处解体，化作成千上万块碎片（右下图），飞机上7名宇航员全部遇难（左中图），成为世界载人航天史上第二次巨大的灾难！左下图是在德克萨斯州找到的"哥伦比亚号"残骸之一。

尽管如此，人们在汲取教训之后，依然奋进，向宇宙进军！

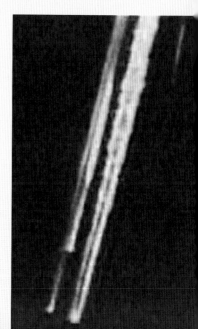

五 中国小狗飞上天

美国与苏联在激烈的竞争中，成为两个"太空超级大国"。与此同时，世界上许多国家也加入了向宇宙进军的队伍。

按照各国发射第一颗人造地球卫星的时间，排定如下"太空坐次"：苏联（1957.10.4），美国（1958.2.1），加拿大（1962.9.29），法国（1965.11.26），澳大利亚（1967.11.29），西德（1969.11.8），日本（1970.2.11），中国（1970.4.24），印度（1975.4.19），英国（1982.4.26）。

也就是说，中国排在第八位。

就载人航天而言，这"太空坐次"迄今（2003年）只有两位：苏联（1961.4.12），美国（1962.2.20）。

随着中国"神舟"无人飞船的4次飞入太空，中国宇航员即将进入太空，那载人航天的第三把交椅显而易见属于中国。

1979年，我在第七机械工业部采访的那些日子里，他们给了一部中国小狗上天的资料影片，并且同意我从中选取部分镜头，编入《向宇宙进军》影片第一部《飞出地球去》。

其实，那是早在1965年7月，中国的两只小狗"小豹"和"珊珊"就已经乘坐火箭上天。左上图便是影片中"小豹"和"珊珊"的"玉照"。

这部中国小狗上天的影片，便是中国航天训练基地的摄影师鞠浪先生（下左图）拍摄的。他在高中毕业之后，由于喜爱摄影，曾经到新华社当摄影记者。后来调往中国航天训练基地，多年来拍摄了许多中国航天历史照片。1979年，我在中国航天训练基地结识了他。2003年8月，为了赶写这本《飞天梦——叶永烈目击中国航天秘史》，我专程从上海前往北京，我们再度相逢（下右图）。他向我讲述了中国载人航天的发展历程，并提供了许多珍贵的照片，收入本书。

载人航天总是从动物试飞开始。苏联从 1949 年到 1959 年，曾经把 44 只狗和一只兔子发射上天。美国也曾经用狗和猴子进行过多次试飞实验。

中国在 20 世纪 60 年代初就开始着手动物试飞实验。

上天的小狗，要经过严格的遴选，除了身体健康、反应灵敏、性格温和、善解人意之外，体重要在 6 千克左右，"大胖子"不行，"小个子"也不行。当时，从 30 多只小狗中，选定了小公狗"小豹"和小母狗"珊珊"。

这是工作人员在给一身黄毛的"珊珊"进行体格检查。

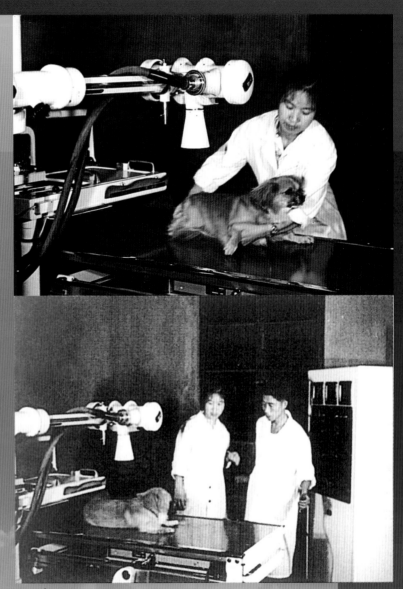

● 脱颖而出的"小豹"和"珊珊"，在上天之前，必须接受各种各样的训练　　● "珊珊"也在"受训"　　● 这是黑、黄、白三色相间的"小豹"在走"独木桥"

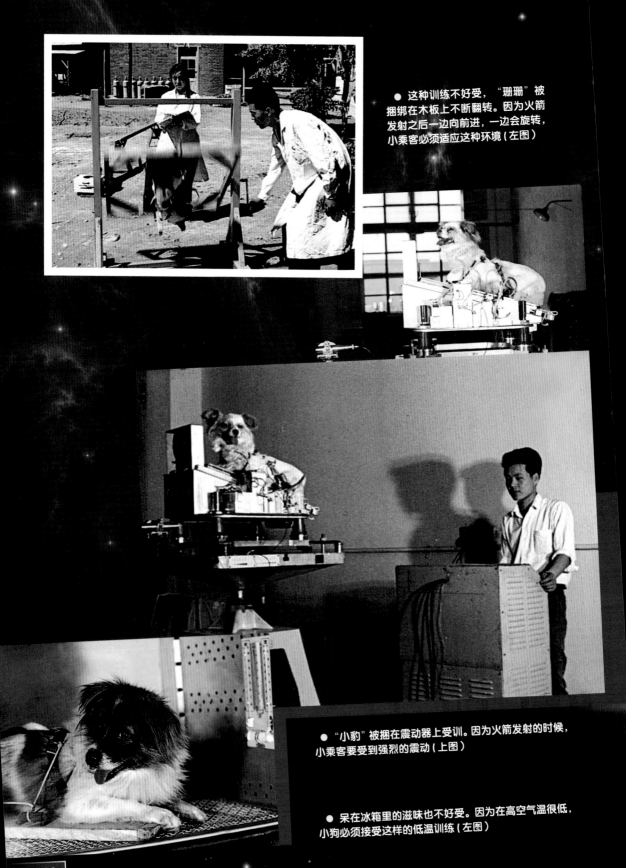

● 这种训练不好受，"珊珊"被捆绑在木板上不断翻转。因为火箭发射之后一边向前进，一边会旋转，小乘客必须适应这种环境（左图）

● "小豹"被捆在震动器上受训。因为火箭发射的时候，小乘客要受到强烈的震动（上图）

● 呆在冰箱里的滋味也不好受。因为在高空气温很低，小狗必须接受这样的低温训练（左图）

● 当然，在这么刺耳的大喇叭下生活，也真够呛！不过，火箭发射时那声音就是这么刺耳，小狗不能不接受这样特殊的训练

● 在紧张的训练之余，只有玩这种叼物游戏，才使小狗感到轻松

● 当然，最厉害的训练是把小狗装进小铁箱里，用离心机高速旋转！没办法，火箭发射后，小狗就要受到这样强大的离心力，所以必须接受这项训练

在训练小狗的同时，中国自己设计、制造的生物试验火箭"T‒7AS2"正在进行最后的测试。

动物是载人航天的"探路先锋"。把动物送上太空"探路"，有两种途径：比较简单的是用生物火箭送上去，送到离地面几十千米、一百多千米的高空，然后凭借降落伞返回地面。另一种是把动物装入生物卫星，用宇宙火箭发射到太空，进入卫星轨道，用回收技术回收生物舱。苏联的小狗莱依卡，就是被装入苏联的第二颗人造地球卫星。只是当时苏联还没有掌握太空回收技术，所以小狗莱依卡"牺牲"在太空。

生物火箭的载重量小，而且发射高度不高，所以比运载生物卫星的宇宙火箭要简单得多、小得多。

这便是运往安徽广德县的"T‒7AS2"生物火箭。

广德县地处安徽省东南部，与江苏、浙江接壤。那里四面环山，竹林茂盛。把那里选为生物火箭发射基地，是考虑到那里离制造生物火箭的上海不算太远，运输方便，而那里地广人稀，当生物火箭的回收舱从天而降的时候，不大会伤及百姓。

● 这是生物火箭的箭身和箭尾。在箭身装载着固体燃料。发射时，凭借固体燃料燃烧产生的强大气流，把生物火箭推向高空（下图）

● 这是生物火箭的箭头，由箭尖、生物舱和回收舱等舱段组成（上图）

1964 年 7 月 19 日，我国第一枚生物火箭"T-7AS1"在安徽广德发射成功。不过，火箭里装载的不是小狗，第一批"乘客"是一群大白鼠。

在大白鼠成功地上天之后，竖立在安徽广德县的发射架又是一片繁忙景象，人们在吊装新的生物火箭。这一回的"乘客"，个头比大白鼠要大得多——小狗。

可爱的小狗"小豹"被选中第一个上天。在上天之前，"小豹"就被捆绑起来，进行外科手术。

经过手术，"小豹"的右颈总动脉被移置颈部的皮瓣内记录血压，银质电极埋入胸部第五肋皮下记录心电。

在生物火箭发射之后，小狗要经历"主动段、失重段、返回段"这三种不同的阶段，必须测试小狗在不同阶段的心率、血压、心电和呼吸这四大生理指标，这些数据将对载人航天有着重要的参考价值。

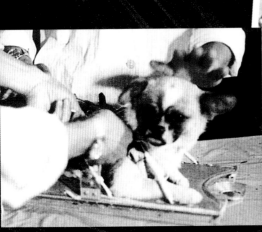

1966年7月15日，"小豹"被装进"T－7AS2"生物火箭。

"T－7AS2"生物火箭竖立在安徽广德的发射架上。

点火！"小豹"被"T-7AS2"生物火箭送上了离地面70千米的高空。

与此同时，中国人民解放军的一架直升机在空中进行搜索，以便寻找归来的"小豹"。

安徽广德县以及附近各县的民兵们也接到通知，处于戒备状态。民兵们仰望着天空，一旦发现降落伞，马上向上级报告。

终于，见到降落伞下吊着生物舱，徐徐下降。

降落伞落在一个山坡上，民兵马上报告上级并持枪保护现场。

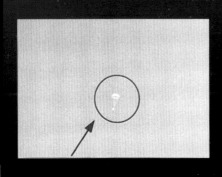

科研人员接到报告，以急行军的步伐赶往那个山坡，因为生物舱里的氧气有限，晚到一步，小狗就可能窒息而死。

科研人员赶到的时候，山坡上已经有许多群众在围观。民兵在那里维持秩序（左上图）。

民兵们把生物舱扛下山坡。

直升机赶到，运回生物舱。

科研人员急急打开生物舱，那颗悬着的心落地了："小豹"生龙活虎，平安归来（中右图）！

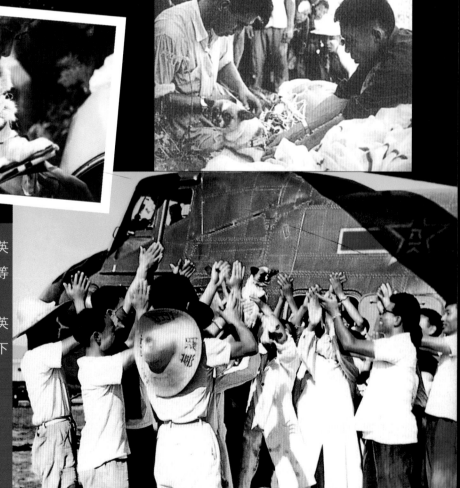

你看，凯旋的"英雄"精神抖擞，何等潇洒（左中图）！

"小豹"受到英雄般的欢迎（右下图）！

与"小豹"一起凯旋的大白鼠也活蹦乱跳（左上图）。

当时，大白鼠分为两组，一组是用透明的塑料夹子固定在舱内，叫"固定鼠"（右上图）。

另一组没有固定，叫"活动鼠"，以便试验不同状态下的大白鼠的空中反应。

生物火箭里安装了8毫米的遥控小型电影摄影机，拍摄了处于失重状态下的"活动鼠"。你看，"活动鼠"飘了起来（右下图）！

鞠浪回忆说，当时在北京买到了捷克生产的8毫米手提电影摄影机，但是买不到8毫米的电影胶片。他买了16毫米的电影胶片，自己动手切成两半。生物火箭归来之后，由于当时这些试验处于严格保密之中，电影胶片也必须自己用手工冲洗，这才终于把大白鼠在失重下的活动状态呈现在科研人员面前，为载人航天提供了宝贵的研究资料。

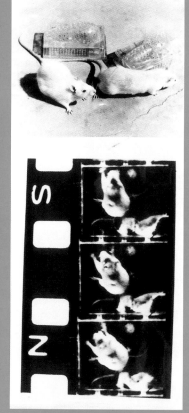

在"小豹"胜利归来之后不久，1966年7月28日，小狗"珊珊"被装进"T－7AS2"生物火箭，送上高空，同样胜利归来。

"小豹"和"珊珊"成了中国的"动物明星"，被运往北京，在著名生物学家贝时璋的陪同下，受到中国科学院院长郭沫若和党组书记张劲夫的"接见"。

左下图为中国科学院院长郭沫若在观看展览。

在成功地把大白鼠和小狗用生物火箭送上天之后，当时还准备把猴子送上天。这是因为猴子是高级动物，与人更加相近。然而，就在这个时候，"文化大革命"爆发，在安徽广德的科研人员被紧急召回北京，参加"文化大革命"，猴子上天的计划也不得不因此中断了。

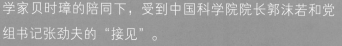

六 中国掌握
卫星回收技术

85

用生物火箭把动物送到离地面 70 千米的地方，直上直下，就技术而言，还比较简单。严格地讲，离地面 70 千米的地方还只能算是高空，还算不上真正意义上的太空。

1970 年 4 月 24 日，中国成功发射第一颗人造地球卫星"东方红一号"，卫星运行轨道距地球最近点为 439 千米，最远点为 2384 千米，这才意味着进入了太空。

从太空回收人造卫星或者飞船，要比从高空回收生物火箭复杂得多，艰难得多。然而，掌握这一回收技术，却是载人航天必须跨越的一步。苏联发射第二颗人造地球卫星的时候，就是因为还不掌握回收技术，所以只能眼睁睁看着小狗莱依卡在太空中死去。

后来，美国、苏联相继掌握了卫星、飞船的回收技术，所以能够一次次进行载人航天。

1975 年 11 月 26 日，中国用"长征二号"火箭发射了首颗返回式遥感卫星，5 天后成功地返回，中国成为世界上第三个掌握卫星返回技术的国家。

回收技术相当复杂。要使卫星在预定的时间、预定的地点返回，必须突破以下技术关键：

要求运载火箭有很高的导航精度，能准确地把卫星送到预定的轨道，使卫星飞行的最后一圈，正好经过预定回收地区的上空；

必须精确地向卫星发出返回指令，使卫星能转变成返回的姿态并抛掉多余舱段；

当卫星以每秒近 8 千米的速度进入稠密大气层，发生强烈的磨擦，卫星表面的温度高达 1 万摄氏度，必须

有很好的防热层；

卫星接近地面时，能在一定高度上抽出并打开降落伞，使卫星减速；

卫星着陆之后发出信号，报告所在地点，便于用飞机、舰船、车辆等将其收回。

中国成为第三个掌握卫星回收技术的国家，表明中国在空间科学技术方面的实力仅次于美国和苏联。在中国之后，迄今（2003年）尚未出现第四个掌握卫星回收技术的国家，这就表明卫星回收技术的难度是很高的。

中国组建了一支专业的卫星回收部队，专门负责返回式卫星、飞船测控回收任务，卫星、飞船落到哪里，就追到哪里，人称"绿色追星族"。

在高空看似很小的降落伞（左图），落地之后才知是这么巨大（右图）。正是因为在接近地面时打开了降落伞，大大降低了卫星的下降速度，使卫星能够完好无损地回到地面，这叫"软着陆"。如今，"软着陆"一词成了流行词，什么"经济软着陆"等等，是指解决问题要有缓冲，不能"硬碰硬"。

"贵客"从天而降，消息不胫而走，引来无数百姓驻足观看。

卫星的回收舱在进入大气层的时候，受到剧烈的磨擦，表面已经一片焦黑，看得出一路非常"辛苦"。

绿色"追星族"迅速赶到现场。

回收舱经受住高温的考验，内部所装载的精密仪器完好无损，完整地记录了在太空中测量所得的数据，表明这是一次成功的回收。

沉重的回收舱，不是人力所能搬动的。起重机来到，吊起了回收舱。

直升飞机来了，运走了回收舱。

经过长途运输，回收舱终于运到了科学研究所。在那里，通过大量的数据分析，卫星在太空中的"所见所闻"被逐一展现。

中国人造卫星的一次次回收，表明中国的回收技术已经相当成熟，这同时也表明，中国已经具备载人航天的能力："送上去，回得来"，这是载人航天的两个基本前提。

中国能够发射各种各样的人造地球卫星，当然也具备了把飞船送上太空的能力；中国能够回收各种各样的人造地球卫星，当然也具备了回收飞船的能力。

七 目击
中国训练宇航员

在第七机械工业部采访的那些日子里，我就已经得知中国在训练宇航员。我理所当然对此颇有兴趣，希望能够将此摄入影片。然而，就连第七机械工业部都无法决定能否拍摄中国训练宇航员。正因为这样，在《向宇宙进军》的拍摄提纲中，我没有涉及中国的载人航天。

趁钱学森接见我们摄制组的机会，我问钱学森，摄制组能不能前往中国航天训练基地拍摄中国的载人航天？

令我非常兴奋的是，钱学森答应了！

钱学森说："你们要求到基地拍摄，这件事，我们国防科委同意了，就可以办到。"

钱学森一锤定音！正是钱学森的这句话，打开了那严格保密的中国航天训练基地的大门，使我们摄制组得以来到那里拍摄。

苏联从 1957 年发射第一颗人造地球卫星，到 1961 年加加林上天，中间只不过花了短短 4 年时间。中国从 1970 年发射第一颗人造地球卫星，到 1975 年成功地回收人造卫星，便已经从技术上具备把中国宇航员送上太空的能力。

钱学森说，中国也在着手发展载人航天。中国将会成为第三个把自己的宇航员送上太空的国家。中国发射载狗火箭，就是为载人航天作准备。

● 图为时隔 24 年，我在 2003 年 8 月 27 日重新来到那里采访

钱学森说，其实，有人与没人，是有很大区别的。为什么要人上天？上天干什么？影片一定要讲明白。要发展空间科学技术，人就得上太空。影片要先讲人为什么要上天，再讲航天，比较好，符合逻辑。

钱学森笑着对我说，你们去航天训练基地，一定会受欢迎。他们是专干这个的。他们会支持你们拍电影的。他们就是要抓住这个拍电影的机会，好好扩大影响，宣传一下载人航天。

有了钱学森给我开绿灯，我当然也很"积极"，深知能够到中国航天训练基地拍摄，是极其难得的机会。就在与钱学森谈话之后，我随即办好了前往中国航天训练基地的手续，到那里作采访，并写作分镜头剧本。果真，在那里我受到热烈的欢迎，中国航天训练基地成立了专门的小组，负责接待、协助我们拍摄电影。

后来我才知道，那个研究所是钱学森手下研究载人航天的专业机构，而中国载人航天最"积极"的推动者便是钱学森本人。就在 1970 年中国成功发射第一颗人造地球卫星之后，钱学森就向中央提出，中国应该搞载人航天，而且把中国飞船命名为"曙光一号"。

1971 年 4 月，钱学森为院长的国防部第五研究院和空军共同起草了关于发展中国航天事业的报告，毛泽东主席在报告上批示同意。毛泽东主席说，我们也要搞载人航天！

上图为毛泽东参观我国自己制造的火箭。

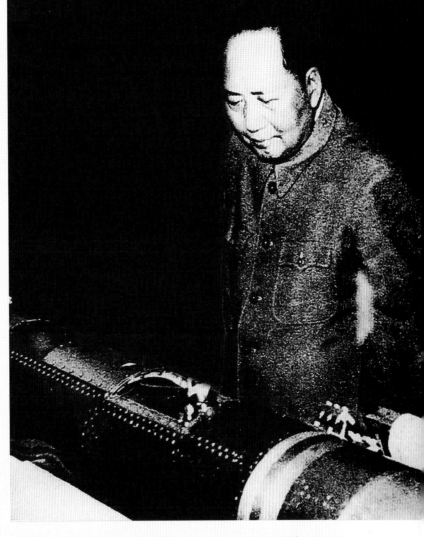

中国航天训练基地最初由3个研究所抽调人员组建而成。初创时条件十分艰苦，两年内搬迁3次，甚至还一度住在帐篷里工作。

钱学森前往中国航天训练基地，连续3天给科研人员作学术报告。科研人员发现，钱学森对世界载人航天的进展情况了若指掌，信息非常灵通。

此后，中国航天训练基地每周举行一次学术交流活动，钱学森也差不多都到会参加讨论，足见他对中国载人航天事业的关切。作为学术领头人，钱学森在亲自率领中国航天大军向宇宙进军。

1971 年 5 月 13 日，宇航筹备组成立，着手选拔宇航员，计划在 1973 年年底发射"曙光一号"载人飞船。

当时，选拔宇航员的工作严格保密，以"体检"的名义进行，从上千名歼击机飞行员之中，选拔出 19 名宇航员。

这便是当时进行"体检"的情形。

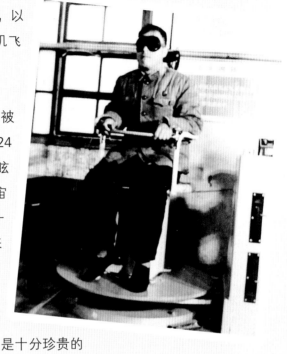

不过，这样的"体检"非同一般，被检查者要戴上眼罩，坐在每分钟转速 24 圈的电动转盘上迅速转动，以测试抗眩晕的能力，亦即前庭神经功能。在宇宙火箭起飞时，往往一边向太空前进，一边自身在迅速旋转，所以对于宇航员来说，抗眩晕的能力是很重要的。

从墙上张贴的"毛主席语录"，可以看到"文革"时期特殊的时代气氛。这样的选拔中国第一批宇航员的照片，是十分珍贵的历史镜头。

这样的"体检"更特殊：被检查者平卧之后，突然把帆布床立起来，测试各种生理指标。

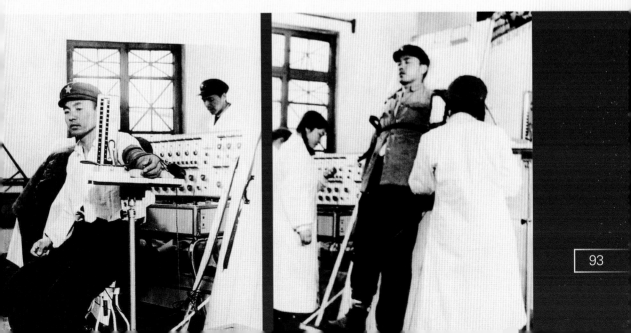

经过反复选拔之后，被选中的人员还要进行非常特殊的"体检"：这两位被选中的小伙子，坐进机舱之后，歼击机飞入高空之后，突然作横"8"字飞行，亦即作"∞"形飞行。高速飞行的歼击机在"上坡"飞行时，飞机处于"加重"状态，而作"下坡"飞行时，飞机则处于"失重"状态。

进行这样的"体检"，是因为宇航员在上天时，处于"加重"状态，而到达太空之后，则处于"失重"状态。不言而喻，这样的"体检"是考验小伙子是否适合宇航员的特殊生活环境。

就在中国载人航天紧锣密鼓进行的时候，1971 年 9 月 13 日爆发了林彪摔死在蒙古温都尔汗的"九一三"事件，空军成为"批林运动"的重点，中国宇航员的选拔工作受到严重干扰，中国发射"曙光一号"飞船的计划也因此搁浅。

在粉碎"四人帮"之后，科学的春天到来了，载人航天又被提上议事日程。

我来到航天训练基地见到许多穿军装的小伙子，他们被称为"宇航锻炼员"。穿军装上银幕，未免太严肃，所以我请摄制组的美工设计了带白色镶边的运动服，从上海带到北京。我发现，当他们穿上这些运动服上镜头，显得漂亮多了（右图）。

1979 年 4 月，我带领摄制组从上海前往北京。由于当时中国航天训练基地处于严格的保密之中，我们摄制组成员事先都经过有关部门的政治审查，同意之后才取得通行证。

在北京，我们那辆满载灯具的大卡车开了很久，进入远郊，眼前出现一大排楼房，还有几座圆形的巨大建筑。汽车在楼房前停了下来，我们终于到达了目的地。我在那里拍摄了半个多月。

这里的气氛十分活跃。大楼后边有一个很大的操场，正在进行紧张的篮球赛。有的小伙子在练习长跑、跳高、跳栏，还有的在伏虎圈里飞快地转动着……

老黄担任影片的顾问。老黄说，这些生龙活虎的小伙子，有的是进行各种宇航试验的实验员，有的参加宇航训练，这是为培养我国未来的宇航员创造条件，所以他们通称"宇航锻炼员"。我觉得"宇航锻炼员"这名字有点拗口，后来在影片中改为"宇航训练员"，意思是说，经过训练，培养为宇航员——因为只有飞上太空，才叫宇航员。

一个宇航员不仅要有健康的身体，而且要有坚强的毅力，还要有一定的科学文化水平。参加宇航训练的人大都从飞机驾驶员中选拔。他们在这里进行各种特殊的训练。

● 作为宇航员，必须会游泳

● 在跑步机上测量心率

这时候训练宇航员的多功能自动转椅，要比 1971 年选拔第一批中国宇航员时的电动转椅漂亮多了，看上去像牙科的诊疗椅（右图）。

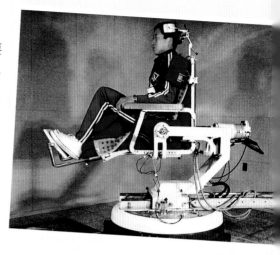

这多功能自动转椅一启动，就飞快地转起来，最快的时候大约每 2.5 秒就要转一圈，普通人一上去就会眩晕，受不了。多功能自动转椅最快能在一分钟里转 24 圈。转椅还可以做 180 度顺时针和逆时针的快速运转，而且可以同时上下前后摆动。

多功能自动转椅主要用于检查宇航训练员的前庭神经功能，以了解他对震动及眩晕的耐受能力。

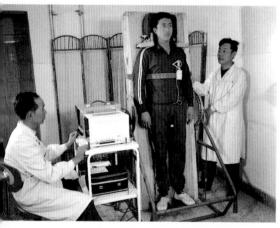

这种"立位床"在 1971 年挑选宇航员的时候用过（左图）。不过，这一次的测试要严格得多。宇航训练员必须平卧几天甚至一两个星期。在平卧期间，不仅躺着吃饭，而且要躺着大小便，绝对不允许起床。这样没病躺在床上是很难受的。测试时间到了，宇航训练员横卧着被抬到横放的立位床上，接上测试电极之后，突然把立位床扳正，平卧多日的宇航训练员一下子处于立位，科研人员测试他的心率等生理数据。

在一个不大的房间里，我们的摄影机镜头对准一张躺椅，椅上铺着毛毯。参加训练的小伙子躺上椅子。老黄一按电钮，那椅子就剧烈地震动起来。这叫"震动试验"。因为火箭发射以后，宇航员要受到剧烈的震动。所以，宇航训练员一定要适应这种强烈的震动。

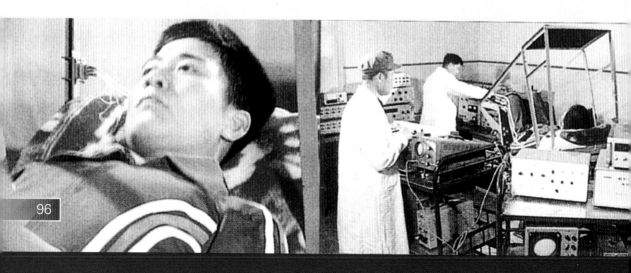

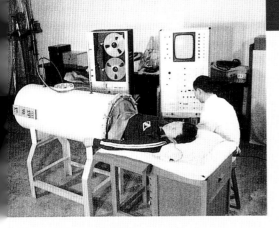

这是在做负压筒试验。太空舱里的气压低，处于负压状态，所以要用负压筒对宇航训练员进行测试（左图）。

在太空中，有着微波辐射。这是在做微波测试（右中图）。

接着，我们来到一个又高又大的房间——电动秋千室进行拍摄。在十来米高的钢架之下，吊着一辆小轿车似的东西，来回荡秋千。在试拍的时候，我们摄制组的小徐说让他试试，说完就钻进了那辆小轿车。

老黄用皮带把小徐牢牢绑在"小轿车"里的椅子上。然后，一按钮，这"小轿车"就像秋千一样，

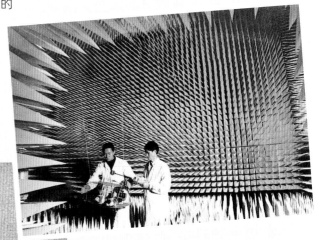

来回摆动着，越摆越高。小徐坐在里面，十分得意地向大家点着头。突然，老黄按了一下另一个电钮，小徐坐着的椅子就转动起来。于是，小徐一边来回荡着，一边转着。他脸上的笑容消失了。电动秋千越荡越高，前后能甩出15米。

没一会儿，他大叫"吃不消了！"老黄赶紧停车。只见小徐脸色变成灰白，紧皱眉头坐在那里。他说，坐在里面，仿佛坐在一艘在大风大浪中摇晃得很厉害的轮船上，头晕了，想呕吐。

原来，在火箭发射时，常常一边前进，一边旋转。未来的宇航员就要经得起这样的考验。电动秋千室主要就是用来训练宇航员适应空间运动并开展对空间运动病的研究的。空间运动病和晕车、晕船症状非常相似，飞船一进入轨道后就会发生，持续 2 — 4 天后，症状会自动消失。克服空间运动病，是宇航员必须越过的难关。

在拍摄离心试验时，宇航训练员受到更为严峻的考验。

那是一座宽敞的圆柱形的房子。房子里空荡荡的，那钢臂不是朝上伸，而是水平地放着。钢臂的顶端，也有一个小轿车似的东西，里面放着座椅。

宇航训练员走过去，坐进了"小轿车"（下图）。

其实，这"小轿车"是圆柱形的。当侧面的舱门敞开的时候，可以看见宇航训练员"正襟危坐"，准备接受测试。

"小轿车"便在圆房子里飞快地转动起来。

老黄告诉我：这是一台离心机。当飞船起飞的时候，宇航员要受到很大的横向离心力。这台高速离心机，就是模拟飞船起飞时的环境。宇航员在上天之前，必须在这里进行训练。

宇航员要有丰富的知识，尤其是具备丰富的天文知识。在太空中，要靠星座判别方向。这是宇航训练员们在天象馆识别星座（上图）。

在模拟飞船上，宇航训练员通过观察屏幕上显示的星座，判断飞船在太空中所处的方位（左图）。

接着，我们开始拍摄宇航服的镜头：中国自己制造的橘黄色的宇航服分好多好多层。先穿好内衣，又穿一层，再穿一层，最后还要穿上外罩。

宇航服的靴子与裤子是连在一起的，上衣与裤子又是连在一起的。

戴上手套后，手套与袖子紧紧相连。

这是中国能工巧匠们在缝制结构复杂的多层宇航服。最里层是衬里；衬里外是液冷通风服，是在尼龙纤维上面铺了许多输送冷却液的塑料细管；液冷通风服外是两层加压气密层，然后是限制层，用来限制加压气密层向外膨胀；在限制层的外面，则是防热防微陨尘服，起着防热和防微陨尘的作用；最外面的一层是外套（左下图）。

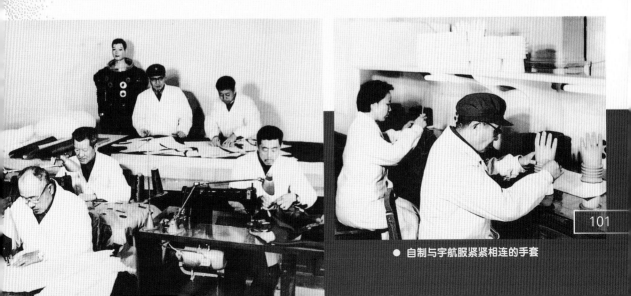

● 自制与宇航服紧紧相连的手套

这是在自制宇航服头盔（左上图）。

宇航服的密闭性、保暖性都极好。一件宇航服的造价，远远超过最昂贵的巴黎时装。一件宇航服重约 10 千克，价值高达上千万元人民币！

宇航服通常用桔黄色的高强度涤纶作面料，为的是宇航员降落在海洋或者草原、山林，与环境的颜色明显不同，便于辨认，便于寻找。

戴上头盔后，头盔又与领子紧紧相连。衣服没有钮扣，用拉链拉紧。这种拉链是特制的，拉上后一点也不会漏气。

头盔的面罩是用透明的特种塑料做的，非常坚牢。

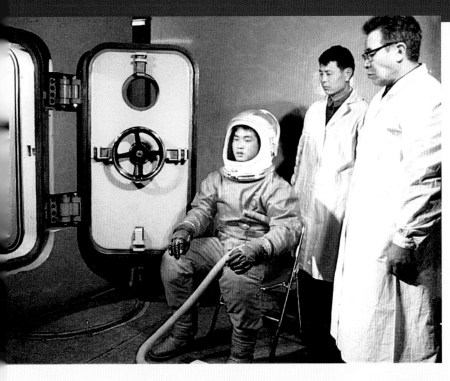

穿好宇航服之后，要背上氧气瓶，把氧气接入头盔内。这样，宇航员就可以在真空中生活。衣服是用合成纤维做的，背面涂着橡胶，不透气。

穿了又重又厚的宇航服之后，动作显得笨拙，这是在测试下蹲弯腿。

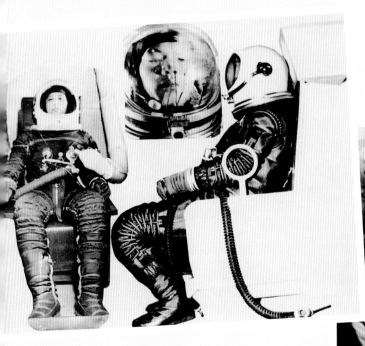

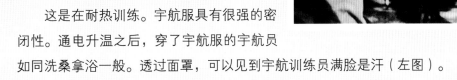

这是在耐热训练。宇航服具有很强的密闭性。通电升温之后，穿了宇航服的宇航员如同洗桑拿浴一般。透过面罩，可以见到宇航训练员满脸是汗（左图）。

　　为了试验宇航服的抗水性能，科研人员让宇航训练员穿了宇航服，在中国内海进行试验。漂浮在海面上的，就是穿了宇航服的宇航训练员。

　　在飞船的太空舱中，如果遭遇太空舱破损，而太空处于真空状态，太空舱里的空气就会急速漏逸到太空中去。这时，如果宇航员穿了宇航服，用背负的氧气筒供氧，就能保证生命安全。这两位穿了宇航服的宇航训练员坐在"爆炸减压舱"里，就是为了试验在太空中遭遇飞船破损时宇航服的安全性能。

我们拍摄了惊心动魄的"冲击试验"。

那试验是在一个十几米高的铁塔上进行的。这铁塔叫做"冲击塔"。

参加训练的小伙子被紧紧地绑在铺着泡沫塑料的椅子上，慢慢升到塔顶。

　　突然，挂钩脱开了，宇航训练员猛地摔下来，"砰"地一声落在地上。

　　老黄说，当宇航员回到地球时，如果机舱在陆地上着陆，尽管在着陆前会打开降落伞，但是着陆时机舱仍会受到这么强烈的冲击。宇航员要进行这种冲击训练。

在拍摄了这些特殊的试验之后，我们把电影摄影机搬进了模拟飞船里，拍摄参加宇航训练的模拟太空生活。

模拟飞船是按照未来的宇宙飞船式样设计的，整个飞行舱的舱壁都是用金属板做的。飞船舱里很小，总共才十来平方米。

关上舱门之后，里面万籁俱寂。这是因为在太空中没有空气，不能传播声音，那里是最静悄悄的地方。作为宇航员一定要适应这种寂静、单调的生活。

模拟飞船里只有几扇小圆窗，嵌着双层厚玻璃，再用黑布遮起来。舱里亮着灯。在里面，分辨不了昼夜的变化。在模拟飞船里，只有看手表，才知道时间。宇航训练员必须适应这样的分不清白天、黑夜的生活，能够按照作息制度有规律地生活。因为宇航员在太空中，就过着这样的分不清昼夜的生活。这一点看似平常，要想做到并不容易。

这是模拟飞船中窄小的双层铺。宇航训练员长时间地生活在模拟飞船狭窄的空间，无处散步，无处运动，连踱方步都很艰难。要适应这样的生活，也不容易。

穿白大褂的科研人员守在模拟飞船外面，用各种仪器记录着宇航训练员们在模拟飞船里的生理数据。

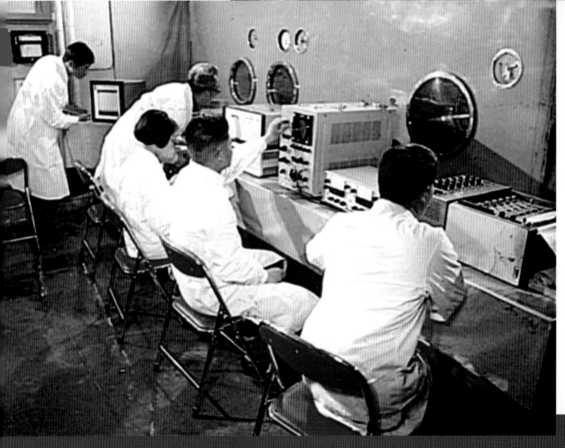

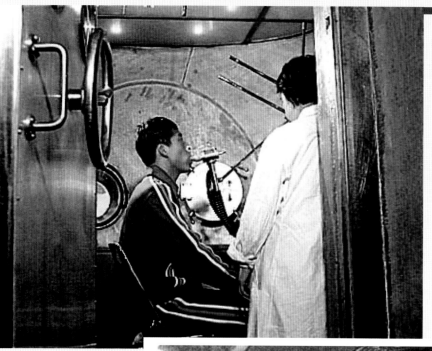

宇航训练员在模拟飞船中日夜接受各种试验，科研人员也在对模拟飞船日夜进行观察、记录。

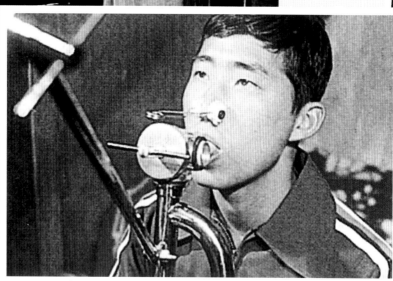

● 这是在给宇航训练员测量肺活量并对呼气成分进行分析

我们在模拟飞船中进行拍摄，很快就感到胸闷。原来，飞船里的气压很低——宇宙是真空的，飞船上天之后，舱内通常低于正常的大气压力。作为宇航员，必须习惯于在这样的低气压中生活。

　　在小小的模拟飞船中，我们拍摄了宇航训练员骑自行车的镜头。这自行车没有轮子，只有脚踏板，踏起来相当吃力。宇航员在太空中必须每天坚持骑这种原地不动的"自行车"，以便促进血液循环，锻炼身体。

　　● 模拟飞船里安装了摄像头，科研人员可以通过荧光屏观看到宇航训练员们的生活情况（左中图）

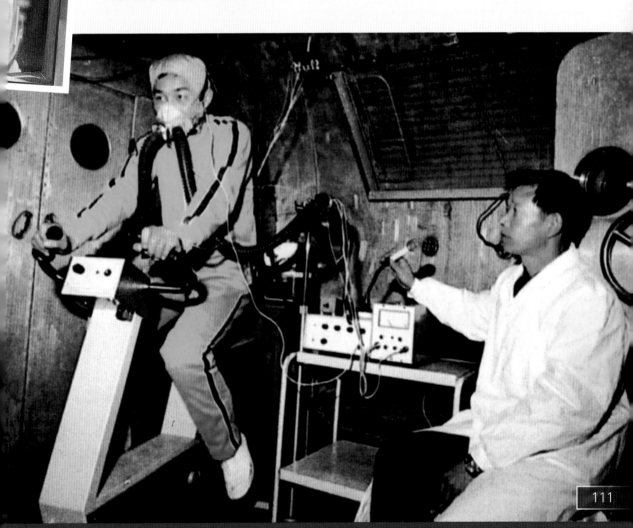

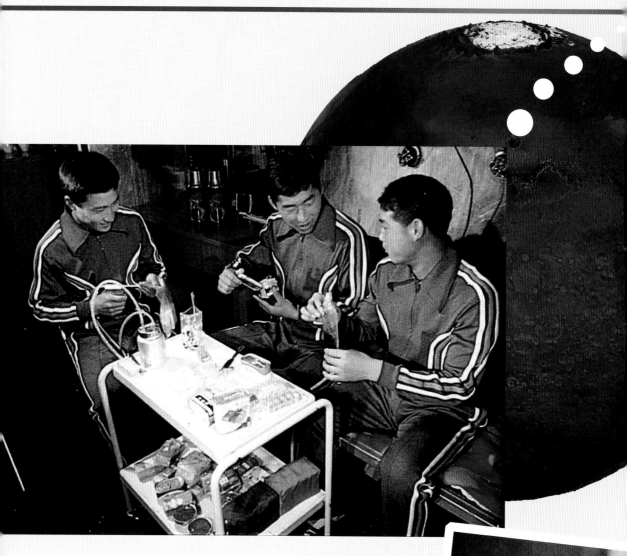

　　我们还拍摄了宇航训练员在模拟飞船里吃饭的镜头：小桌上，放着一块块只有陆军棋棋子大小的压缩饼干，一块块只有半个火柴盒大小的方形"月饼"。这些东西叫做"一口食"，也就是要一口吃下去，不需要掰开来吃。

　　我们拍摄了宇航员们吃小小的"月饼"时的有趣姿势：他把"一口食"放进嘴巴之后，立即把嘴唇紧紧抿上，然后就这样紧闭着嘴咀嚼食物，直到把食物咽下喉咙。这是因为飞船在太空中处于失重状态，你稍一张开嘴巴，碎屑就马上从嘴巴里飞出去，弄得整个飞船里飘满碎屑。

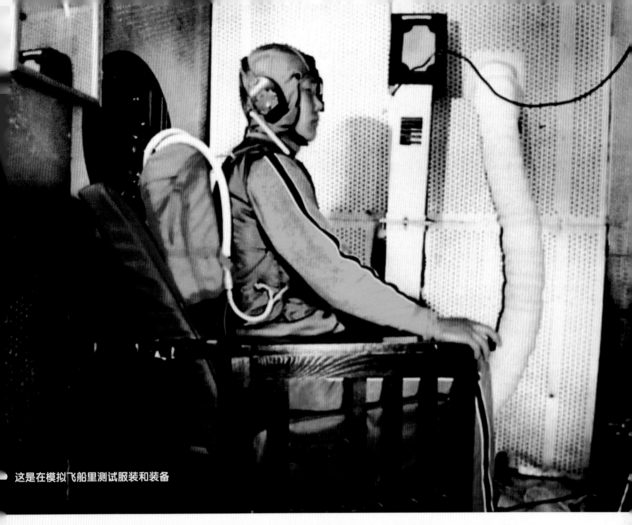

这是在模拟飞船里测试服装和装备

我仔细看了看那些小"月饼"，发觉表面亮晶晶的，仿佛包着一层透明的薄膜。

老黄说，那是涂了一层"可食性塑料"。涂上这层薄膜，是为了防止在咀嚼时碎屑飞扬。

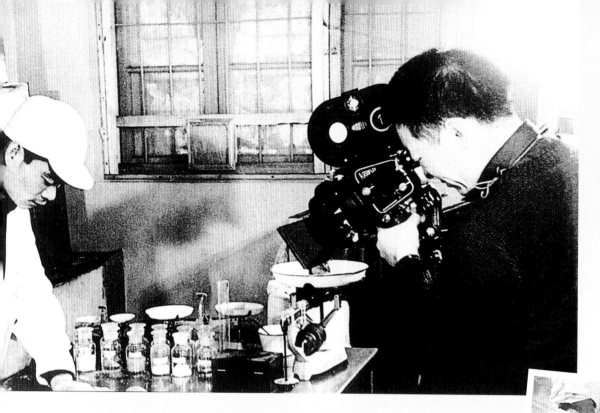

　　这些宇航食品，是上海的食品工厂专为宇航员们生产的，花色繁多，以便宇航员们在太空能够吃到可口的食品。

　　航天食品不仅"味道好极了"，而且富有营养，含有人体需要的各种维生素、矿物质。另外，早餐、午餐、晚餐，三餐的菜谱，热量卡路里的含量，都专门有人研究，以保证宇航员在太空中吃得好，吃得有营养。

在太空中，宇航员不光是可以吃到压缩饼干、小点心，还可以吃到牛肉面、扬州炒饭甚至鱼香肉丝。我看到这些食物经过脱水处理，装在一个个塑料袋里，可以长期保存。

这些食品是特意用电锯锯成一小块、一小块的"陆军棋棋子"，做成"一口食"。

吃的时候，用一支手枪似的水枪，往袋里注进热水，泡软了，就可以吃。有趣的是，一对对红色的龙虾干，用热水泡了以后，鲜味不减，非常可口。

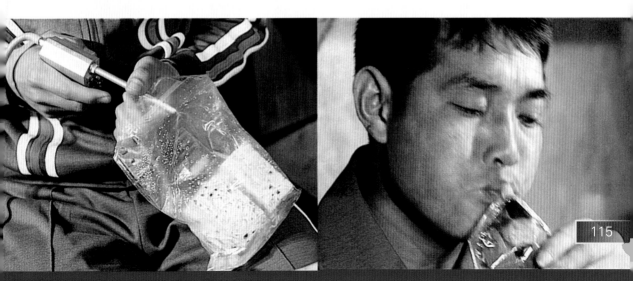

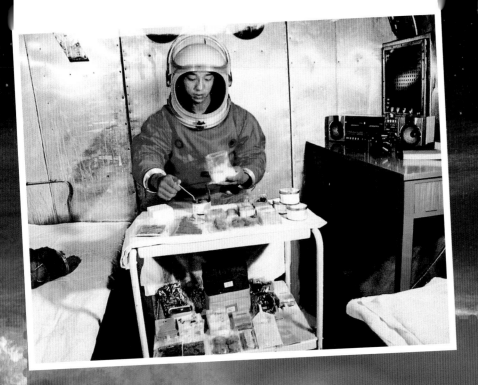

宇航员穿上密闭的宇航服之后，怎么吃东西呢？哦，可以打开玻璃面罩，惬惬意意地进餐。

当然，如果遭遇特殊情况，不能打开面罩，宇航员也能进食。

你看，真有意思，在面罩正下方，有一个小孔，孔里塞着橡皮。食物像牙膏似的装在塑料管里。在进食时，要把牙膏上的小管使劲地顶开小孔中的橡皮，再用手挤着管壁，宇航员才能吃到东西。吃一顿饭；起码要半个多小时呢。

当然，吮吸那些装在牙膏般软管中的半流质太空食品，"口福"就要差一些。

经过多日"关闭"在模拟飞船中的训练，宇航训练员完成了各项训练任务，科研人员打开了模拟飞船的舱门。

走出模拟飞船的宇航训练员们见到了阳光，呼吸到新鲜空气，听见了鸟叫声，那感觉真的就像从太空归来一般。

117

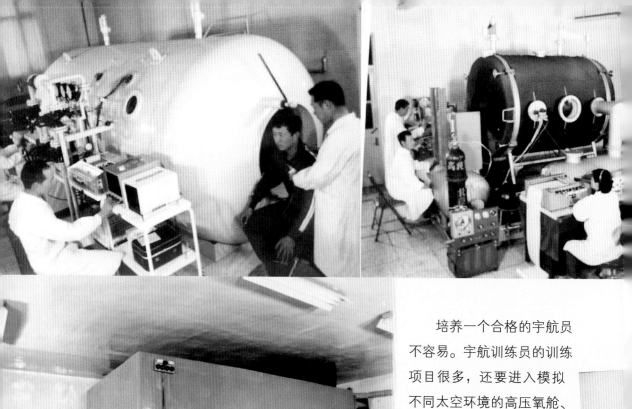

　　培养一个合格的宇航员不容易。宇航训练员的训练项目很多，还要进入模拟不同太空环境的高压氧舱、变温舱、减压舱等，进行训练、测试。

　　宇宙火箭所用的燃料具有一定的毒性。宇航训练员们还要到宇宙火箭发射塔，进行宇航服的防毒性能测试。

海上救生打捞试验颇为精彩：宇航训练员穿上宇航服，把系在腰间的橡皮艇充气，然后爬上橡皮艇，发出讯号。直升机赶来了，用吊索吊起了宇航训练员。

这样的模拟训练很重要，因为宇航员从太空返回时如果落到大海中，就必须具备海上自救能力。

进行试验的那天，外海风大浪急，橡皮艇像鸡蛋壳似的在海面翻滚，而宇航训练员穿上宇航服之后动作也不利索，经过好几个回合，这才抓住了直升机放下的吊索。

我们计划中的"重头戏"是拍摄"失重训练"。这样的失重训练，是宇航训练员训练中的重要一课。不过，由于在我们拍摄期间，当时没有进行"失重训练"，所以未能拍到这一"重头戏"。在影片《载人航天》中没有"失重训练"这一内容。

鞠浪倒是拍过"失重训练"。这位在歼击机旁手持电影摄影机的便是鞠浪（左中图）。

在太空中，宇航员处于失重状态，在飞船里到处飘荡。在地面上模拟这种失重环境，却不容易。宇航训练员坐进一架很小的战斗机，乘客只他一个。摄影师只好把摄影机固定在飞机上，用遥控设备控制摄影机。战斗机起飞了，呼啸着钻进高空。它在碧空中时仰时俯，做抛物线飞行。电影摄影机自动拍下了宇航训练员在舱内"飘"动的镜头。

原来，当飞机做抛物线飞行时，也可以人为地制造失重环境，为时十几秒钟。

这是鞠浪用遥控摄影机拍摄的失重训练镜头，可以看见，宇航训练员一松手，茶杯和匙就飘了起来（右下图）。

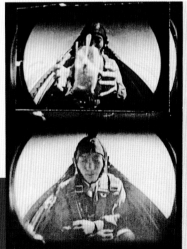
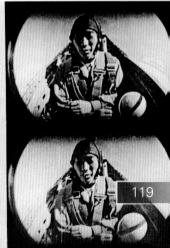

这是一帧国外宇航员失重训练的照片。从照片上可以看出，他们训练时用的是大型飞机，所以机舱内有那么多宇航员在同时接受失重训练。

影片《载人航天》的结尾是浪漫的。一架航天飞机里乘坐着中国宇航员从中国起飞，飞向神秘的太空。

这架新颖的航天飞机机身上，写着"中国宇航"四个大字。

这架中国航天飞机是我们用模型做成的，在特技摄影棚里拍摄完成。看过这个镜头的人无不称赞，因为这架远航的中国航天飞机，满载着中国航天人的希望，象征着中国载人航天辉煌的明天。

记得钱学森曾经对我说，人类并不局限于"航天"，将来还会发展到"航宇"。

当时，我还是头一回听说"航宇"这新名词。我问，"航宇"与"航天"有什么区别？

钱学森说："'航宇'——这个名词是我首先提出来的。"

他解释说："对于星际航行，我在《星际航行概论》这本书里，一开始就是说指行星之间，不是指恒星之间。'航宇'，就是飞出太阳系。当然，今天来说，这还不很现实。火箭要达到光速飞行。最近的两颗恒星之间，距离是4个光年。用现在火箭的速度，要几万年，这怎么行呢？飞出太阳系，是现在火箭解决不了的问题。我提出'航宇'，这是从中国人的习惯，从航海、航空、航天推出来的。"

那架中国航天飞机喷射着耀眼的火焰，载人航天，载人航宇，飞向太空深处。

影片最后推出字幕："完"。

八 意外事件

在中国航天训练基地拍摄的那些日子里，留下了这些片头记录。当时的总片名还是用文化部下达的《空间科学》这一名字，所以小黑板上总是写着"空间×镜×次"，表示是影片的第×镜头的第×次拍摄。

在《向宇宙进军》影片的拍摄过程中以及影片完成后，我又多次请教著名科学家、国防科委副主任钱学森。在影片完成之后，我请钱学森审看样片。在北京国防科委大楼以及他的家中，多次请他谈了对这部影片的意见。

记得，有一次，我在影片中用了一个中国火箭发射失败的长镜头，从发射直至落地爆炸，为的是想说明掌握空间技术是一条很艰难的道路。钱学森看了之后，坚决要我剪去。他强调说，这些镜头只宜作内部参考，不适宜于公之于众。

他对解说词也很注意。看完影片，还向我要一份解说词，细细推敲一遍。

在钱老的关心下，我终于得以完成影片《向宇宙进军》——这是我在电影制片

厂所完成的最后的一部影片。此后，我离开电影制片厂，成为专业作家。

《向宇宙进军》虽然全部完成，但是在当时只公映了前两部《飞出地球去》和《卫星的应用》，很遗憾，第三部《载人航天》就在公映前夕，发生了意外事件，致使这部影片遭到严重挫折，未能公映……

从北京回到上海，经过剪辑、配解说词、配音乐、混录，我完成了《载人航天》影片的双片。所谓双片，其中"一片"是影片，另"一片"是磁带。在影片审查通过之后，这才把双片合二为一，印制成电影拷贝。当时，《向宇宙进军》的前两部，即《飞出地球去》和《卫星的应用》已经审查通过，

印出电影拷贝。

按照规定，《载人航天》要经电影主管部门——文化部和科学技术业务主管部门——国防科委、第七机械工业部的共同审查。1979年10月下旬，我去北京出席第三届全国文代会，同时带了《载人航天》双片办理审查手续。11月2日，我在国防科委放映了影片《载人航天》，钱学森、国防科委和第七机械工业部领导审查了影片，当时没有谈意见，约定11月8日在文化部谈审查意见。

11月8日，我来到了文化部。会上，钱学森秘书柳鸣、中国航天训练基地陈所长、第七机械工业部科研局智峥、刘永齐谈审查意见，都热情地肯定了这部影片。文化部电影局制片处长李涌、我厂副厂长羽奇、蒋伟也出席了这次会议。我作了记录。

中国航天训练基地陈所长说："你们来我所拍摄，我们有个文字报告，请示过国防科委。国防科委原则上同意。所以我们把你们来所拍摄当作一件大事，专门组织了全力配合拍摄。影片没有涉及保密内容。真正要保密的部分，如某某内容，你们都避开了。"

接着，钱学森秘书柳鸣代表国防科委谈意见："我们看了影片，讨论过。同意陈所长意见，影片内容都可以公布，不涉及保密。"

他们表示原则上通过，影片对个别科学性上的差错作修改之后，即可公映。

回到上海之后，我对影片《载人航天》作最后的科学性上的修改。就在这时候，上海市科学技术协会准备创办一份新的杂志《科学生活》，创刊号定于1980年1月出版。杂志的负责人、上海市科学技术协会科学普及部部长李敦厚正在为创刊号缺乏"重磅"文章而发愁，得知我拍摄了《载人航天》，便说"重磅"找到了，要我赶写一篇《载人航天》拍摄散记。

当时，组织上已经决定我从上海科学教育电影制片厂调往上海市科学技术协会，担任上海市科学技术协会常委兼上海科普创作协会副理事长。我理所当然全力支持《科学生活》的创刊，而且考虑到《载人航天》影片已经审查通过，所以就在1979年11月15日，赶写了《访我国宇航训练员——科教片〈向宇宙进军〉拍摄散记》一文。考虑到我已经为《科学生活》创刊号写了《高士其从美国到延安》以及另两篇文章，所以这篇文章就署笔名"肖勇"。

这篇《访我国宇航训练员——科教片〈向宇宙进军〉拍摄散记》果真成了《科学生活》杂志的压卷之作，不仅安排在"头版头条"——第一页，而且在封面上刊登了剧照，标上醒目的一行标题"小狗乘火箭回来了！"。

1
1980

小 狗 乘 火 箭 回 来 了！

科学生活

KEXUE SHENGHUO

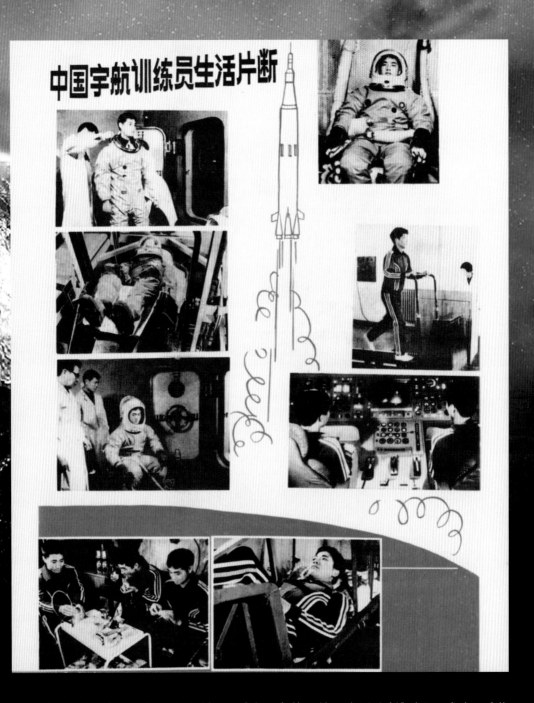

《科学生活》杂志创刊号在封二以《中国宇航训练员生活片断》为题，发表了《载人航天》影片 8 幅剧照。

访我国宇航训练员

——科教片《向宇宙进军》拍摄散记

本刊特约记者 肖勇

汽车满载着电影摄影机和电影灯具，在公路上飞驰。

我们正在拍摄一部大型彩色科教片《向宇宙进军》。这一次，我们摄制组要去拍摄我国第一代宇航员的训练情况。

汽车开了很久很久，眼前出现一大排楼房，还有几座圆形的巨大建筑。汽车在楼房前停了下来，我们终于到达了目的地。

这里的气氛十分活跃。大楼后边有一个很大的操场，正在进行紧张的篮球赛。有的小伙子在练习长跑、跳高、跳栏，还有的在伏虎圈里飞快地转动着……"嘟——"指导员吹了一声哨子，小伙子们立刻停止了体育锻炼，热情地跑来帮助我们卸车，搬运电影器材。

领导上派老黄同志当我们的顾问，帮助我们进行拍摄。我向老黄一打听，才知道这些生龙活虎的小伙子，有的是进行各种宇航试验的实验员，有的将培养成为我国未来的宇航员。

一个宇航员不仅要有健康的身体，而且要有坚强的毅力，还要有一定的科学文化水平。宇航员大都从飞机驾驶员中选拔。他们在上天之前，要经过长期的特殊的训练。

我们就从宇航员的体育锻炼拍起，拍摄他们跑步、跳水、游泳……老黄告诉我们，宇航员从太空归来时，有的会落在海上，所以一定要善于游泳。

接着，我们开始拍摄宇航员们各种特殊的训练生活。

在一个不大的房间里，我们的摄影机镜头对准一张躺椅，椅上铺着毛毯。宇航员躺上椅子。老黄一按电钮，那椅子就剧烈地震动起来。这叫"震动试验"。

据宇航员说，躺在震动椅上，仿佛坐汽车在坎坷不平的道路上颠簸似的。这是因为火箭发射以后，宇航员要受到剧烈的震动。所以，宇航员一定要适应这种强烈的震动。

接着，我们来到一个又高又大的房间里进行拍摄。那里吊着一辆小轿车似的东西。在试拍的时候，我们摄制组的小徐同志说让他试试，就钻进了那辆"小轿车"。老黄用皮带把小徐

访我国宇航训练员

——科教片《向宇宙进军》拍摄散记

《科学生活》特约记者　肖　勇

汽车满载着电影摄影机和电影灯具，在公路上飞驰。

我们正在拍摄一部大型彩色科教片《向宇宙进军》。这一次，我们摄制组要去拍摄关于我国宇航训练的情况。

汽车开了很久很久，眼前出现一大排楼房，还有几座圆形的巨大建筑。汽车在楼房前停了下来，我们终于到了目的地。

这里的气氛十分活跃。大楼后边有一个很大的操场，正在进行紧张的篮球赛。有的小伙子在练习长跑、跳高、跳栏，还有的在伏虎圈里飞快地转动着……"嘟——"指导员吹了一声哨子，小伙子们立刻停止了体育锻炼，热情地跑来帮助我们卸车、搬运电影器材。

领导上派老黄同志当我们的顾问。我向老黄一打听，才知道这些生龙活虎的小伙子，有的是进行各种宇航试验的实验员，有的参加宇航训练为培养我国未来的宇航员创造条件。

一个宇航员不仅要有健康的身体，而且要有坚强的毅力，还要有一定的科学文化水平。参加宇航训练的人大都从飞机驾驶员中选拔。他们在这里进行各种特殊的训练。

我们就从他们的体育锻炼拍起，拍摄他们跑步、跳水、游泳，拍摄他们各种特殊的训练生活。

在一个不大的房间里，我们的摄影机镜头对准一张躺椅，椅上铺着毛毯。参加训练的小伙子躺上椅子。老黄一按电钮，那椅子就剧烈地震动起来。这叫"震动试验"。因为火箭发射以后，宇航员要受到剧烈的震动。所以，宇航训练员一定要适应这种强烈的震动。

接着，我们来到一个又高又大的房间里进行拍摄。那里吊着一辆小轿车似的东西。在试拍的时制造失重环境，为时大约十几秒钟左右。

在拍摄了这些特殊的试验之后，我们把电影摄影机搬进了模拟飞船里，拍摄参加宇航训练的模拟太空生活。

模拟飞船是按照未来的飞船式样设计的，整个飞行舱的舱壁都是用金属板做的。飞船很小，总共才十来个平方米。关上舱门之后，里面万籁俱寂。这是因为在太空中是静悄悄的，宇航员一定要适应这种寂静、单调的生活。

在模拟飞船里，我们很快就感到气闷。原来，飞船里的气压很低——宇宙是真空的，飞船上天之后，舱内只能保持比较低的气压。

模拟飞船里只有几扇小圆窗，嵌着双层玻璃，再用黑布遮起来。舱里亮着灯。在里面，分辨

宇航训练员通过进食孔，吮吸装在铝管里的食物酱。

不出昼夜的变化。

老黄拉开一扇小圆窗的黑窗帘，我看见一幅绚丽的景象：外面一片漆黑，银色的是嵌在夜幕上，而下方却有一个巨大的蓝色的球在徐徐转动。

"月饼"。这些东西叫做"一口食"，也就是可以一口吃下去，不需要掰开来吃。

我们拍摄了宇航员们吃"月饼"时的有趣姿势：他把"一口食"放进嘴巴之后，立即把嘴唇紧紧抿上，然后就这样紧闭着嘴咀嚼食物，直到把食物咽下喉咙。这是因为飞船在太空中处于失重状态，你倘一张开嘴巴，碎屑就马上从嘴里飞出去，弄得整个飞船里飘满碎屑。

我仔细看了看那些"月饼"，发觉表面亮晶晶的，仿佛包着一层透明的薄膜。老黄说，那是涂了一层"可食性塑料"。涂上这层薄膜，也是为了防止在咀嚼时碎屑飞扬。

在一个塑料袋里，我还看到压成长方块的面条、蛋炒饭等等。这些食物都经过脱水处理，可以长期保存。吃的时候，用一只枪似的水枪，往袋里注进热水，泡软了，就可以吃。有趣的是一对对红色的龙虾干，用热水泡了以后，鲜味不减，非常可口。

接着，我们开始拍摄参加宇航训练的青年穿宇航服的镜头。直到这时，我才明白，原来宇航服分好多好多层。先穿好内衣，又穿一层，再穿一层，最后穿上外罩。宇航服的鞋子和裤子是连在一起的，上衣与裤子又是连在一起的。戴上手套后，手套与袖子紧紧相连。戴上头盔后，头盔又与领子紧紧相连。衣服没有钮扣，用拉链拉紧。这种拉链是特制的，拉上后一点也不会漏气。头盔是用透明的特种塑料做的，非常坚牢。穿好宇航服之后，要背上氧气囊，把氧气接入头盔内。这样，宇航员就可以在真空中生活。衣服是用合成纤维做的，背面涂着橡胶，不透气。

宇航员穿上了密闭的宇航服，怎么去吃东西呢？呵，真有意思，在面罩正下方，有一个小孔，孔里塞着橡皮。食物象牙膏似的装在铝管里。进食的时候，要把牙膏上的小管使劲顶进小孔中的橡皮，再用手挤着管嘴，宇航员才能吃到东西。吃一顿饭，起码要半个多小时呢！

（原载《科学生活》第一期，转载时稍作删改）

候，我们摄制组的小徐同志说让他试试，就钻进了那辆"小轿车"。老黄用皮带把小徐牢牢绑在"小轿车"里的椅子上。然后，一按电钮，这"小轿车"就象秋千一样，来回摆动着，越摆越高。小徐坐在里面，十分得意地向大家点着头。突然，老黄按了一下另一个电钮，小徐坐着的椅子就转动起来。于是，小徐一边荡来荡去，一边转着。他脸上的笑容消失了。没一会儿，他大叫"吃不消了"。老黄赶紧停车。只见小徐脸色灰白，紧皱眉头坐在那里。他说，坐在里面，仿佛坐在一艘在大风大浪中摇晃得很厉害的轮船上，头晕了，想呕吐。

原来，在火箭发射时，常常一边前进，一边旋转。未来的宇航员就要经得起这样的考验。

在拍摄离心试验时，宇航员受到更为严峻的考验。

那是一座宽敞的圆柱形的房子。房子里空荡荡的，只是在圆心处装着一辆吊车似的东西，伸着长长的钢臂。钢臂的顶端，也有一个小轿车似的东西。那钢臂不是朝上伸，而是水平地放着。"小轿车"里有张躺椅。宇航员躺好之后，绑好带子，然后，那"小轿车"便在圆房子里飞快地转动起来。我们从电视机的荧光屏上，拍下了他们在高速旋转时的神态。

老黄告诉我：这是一台离心机。当飞船起飞的时候，宇航员要受到很大的横向离心力。这台高速离心机，就是模拟飞船起飞时的环境。

我们还拍摄了惊心动魄的"冲击试验"。那是一个几十米高的铁塔，叫做"冲击塔"。参加训练的青年被紧紧绑在铺着泡沫塑料的椅子上，慢慢升到塔顶。突然，挂钩脱开了，训练者猛地摔下来，"砰"地一声落到地上。

老黄说，当宇航员回到地球时，如果在陆地上着陆，就会受到这么强烈的冲击。宇航员要进行这种冲击训练。

最有趣的是拍摄"失重试验"。在太空中，宇航员处于失重状态，在飞船里到处飘荡。在地面上模拟这种失重环境，却不容易。宇航训练者坐进一架很小的战斗机，乘客只有他一个。摄影师只好把摄影机固定在飞机上，用遥控设备控制摄影机。

战斗机起飞了，呼啸着钻进高空。它在碧空中时仰时俯，作抛物线飞行。电影摄影机自动拍下了参加训练的青年在舱内的镜头。

这些镜头洗印出来以后，大家一看，有趣极了：参加训练的青年正在吃饭，一松手，铝匙马上在空中飘荡起来，连装满了米饭的塑料袋也在空中飞舞。

原来，当飞机作抛物线飞行时，也可以人为地

我不明白这是怎么回事。老黄告诉我：这是模拟宇航员在太空中看到的景象。那蓝色的球，就是地球。每一个宇航员都必须深知天文学，熟悉天上的星座，用星星作为"路标"，判断宇宙飞船究竟飞到什么地方了。

在小小的模拟飞船里，我们拍摄了参加宇航训练者骑自行车的镜头。这自行车没有轮子，只有踏脚板，踏起来相当吃力。宇航员在太空中必须每天坚持骑这种原地不动的"自行车"，以便促进血液循环，锻炼身体。

我们还拍摄了参加宇航训练者吃饭时的镜头：小桌上，放着一块块只有陆军棋棋子大小的压缩饼干，一块块只有半个火柴盒大小的方形

乘我国生物火箭平安回来的小狗。

1980年1月10日，《科学生活》杂志负责人李敦厚到我家谈别的工作，顺便告诉我一个令我惊讶的消息：明日上海三报要就你的《访我国宇航训练员》发消息。

他所说的"上海三报"，是指《解放日报》、《文汇报》和《上海科技报》。当时上海的报纸不多。"上海三报"就我的文章发消息，这是很大的"新闻动作"。

李敦厚笑道，这么一来，《科学生活》打响了！

在《科学生活》创刊之前，他就一直在捉摸要在创刊号上发表一篇"轰动性"文章，以求打响这家新办的杂志。看来，

他的预期目的是达到了。

翌日，我见到上海《解放日报》以大半版篇幅全文转载了我的《访我国宇航训练员》一文，还配发了两张剧照。

访我国宇航训练员

——大型彩色科教片《向宇宙进军》拍摄散记

编者按：上海市科普创作协会创办的《科学生活》丛刊，是一本科普读物。它刊登当代先进科技知识、科学家专访、生理卫生知识和科学文艺等。内容新颖、生动。该刊第一期即将与读者见面。这里我们摘登了其中的一篇。

在模拟飞船里的宇航员。

汽车满载着电影摄影机和电影灯具，在公路上飞驰。我们摄制组要去拍摄我国第一代宇航员的训练情况。汽车开了很久很久，终于到达了目的地。领导上派老黄同志当我们的顾问，帮助我们进行拍摄。

在一个不大的房间里，我们的摄影机镜头对准一张躺椅，椅上铺着毛毯，宇航员躺上椅子。老黄一按电钮，那椅子就剧烈地震动起来。这叫"震动试验"。因为火箭发射以后，宇航员要受到剧烈的震动，所以，一定要通过训练适应这种强烈的震动。

接着，我们来到一个又高又大的房间。那里吊着一辆小轿车似的东西。在试拍的时候，我们摄制组的小徐同志说让他试试，就钻进了那辆"小轿车"。老黄用皮带把小徐牢牢绑在"小轿车"的椅子上，然后一按电钮，这"小轿车"就象秋千一样来回摆动，越摆越高。突然，老黄按了另一个电钮，小徐的椅子就转动起来。没一会儿，只见小徐脸色灰白，紧皱眉头，大叫"吃不消了"。老黄赶紧停车。原来，在火箭发射时，是一边前进一边旋转的。宇航员在飞行舱里，就要经得起这样的考验。后来，宇航员坐了进去，拍完了之后，他还笑容满面，一点也不在乎。

在拍摄离心试验时，宇航员受到更为严重的考验。

那是一座宽敞的圆柱形的房子。房子里空荡荡的，只是在圆心处装着一辆吊车似的设备，伸着长长的钢臂。钢臂的顶端也有一个"小轿车"。钢臂水平地放着。"小轿车"里有张躺椅。宇航员躺好绑好带子后，那"小轿车"便在圆房子里飞快地转动起来。我们从电视机的荧光屏上，拍下了宇航员在高速旋转时的神态。

老黄告诉我：这是一台离心机。当飞船起飞的时候，宇航员要受到很大的横向离心力。这台高速离心机，就是模拟飞船起飞时的环境。

我们还拍摄了惊心动魄的"冲击试验"。那是一个几十米高的铁塔，叫做"冲击塔"。宇航员被紧紧绑在铺着泡沫塑料的椅子上，慢慢升到塔顶。突然，挂钩脱开了，宇航员猛地摔下来，"砰"的一声落在地上。

老黄说，当宇航员回到地球时，如果在陆地上着陆，就会受到这么强烈的冲击。

最有趣的是拍摄"失重试验"。宇航员坐进一架很小的战斗机，摄影师不能上飞机，只好把摄影机固定在飞机上，镜头对准宇航员，用遥控设备控制摄影机。

战斗机起飞了，呼啸着钻进"高空"。它在碧空中时仰时俯，作抛物线飞行。电影摄影机自动拍下了宇航员在舱内的镜头。

这些镜头洗印出来以后，大家一看，有趣极了。宇航员正在吃饭，一松手，铝匙马上在空中飘荡起来，连装满了米饭的塑料袋也在空中飞舞。

原来，当飞机作抛物线飞行时，也可以人为地制造失重环境，为时大约十几秒钟左右。用这种办法进行训练，可以使宇航员适应失重生活。

在拍摄了这些特殊的试验之后，我们把电影摄影机搬进了模拟飞船里，拍摄宇航员们的模拟太空生活。

模拟飞船是按照未来的飞船式样设计的。飞船很小，总共才十来个平方米。关上舱门之后，里面万籁俱寂。在太空中，宇航员一定要适应这种寂静、单调的生活。

（下转第二版）

《上海科技报》也全文转载了我的文章，发表两帧剧照。

访我国宇航训练员

（上接第一版）

在模拟飞船里，我们很快就感到气闷，原来，飞船里的气压很低——宇宙是真空的，飞船上天之后，舱内只能保持比较低的气压。宇航员要能够长期在低气压下生活。

模拟飞船里只有几扇小圆窗，嵌着双层厚玻璃，再用黑布遮起来。舱里亮着灯。在里面，分辨不出昼夜的变化。

老黄拉开一扇小圆窗的黑窗帘，我们看见一幅绮丽的景象：外面一片漆黑，银色的星星嵌在夜幕上，而下方却有一个巨大的蓝色的球在徐徐转动。这是模拟宇航员在太空中看到的景象。那蓝色的球，就是地球。每一个宇航员都必须熟悉天上的星座，用星星作为"路标"。宇航员在太空中必须每天坚持骑一种原地不动的"自行车"，以便促进血液循环，锻炼身体。

我们还拍摄了宇航员们吃饭时的镜头：小桌上，放着一块块只有陆军棋棋子大小的压缩饼干，一块块只有半个火柴盒大小的方形"月饼"。这些东西叫做"一口食"，也就是可以一口吃下去，不需要掰开来吃。

宇航员们吃"月饼"时要紧闭着嘴咀嚼食物，直到把食物咽下喉咙。这是因为飞船在太空中处于失重状态，你稍一张开嘴巴，碎屑就马上从嘴里飞出去，弄得整个飞船里飘满碎屑。那些"月饼"涂了一层"可食性塑料"，也是为了防止在咀嚼时碎屑飞扬。

在一个个塑料袋里，我们还看到压成长方块的面条、蛋炒饭等等。这些食物都经过脱水处理，可以长期保存。吃的时候，用一只手枪似的水枪，往袋里注进热水，泡软了，就可以吃。

宇航食物多么可口！

接着，我们开始拍摄宇航员穿宇航服的镜头。宇航服分好多好多层。先穿好内衣，又穿一层，再穿一层，最后还要穿上外罩。宇航服的鞋子、裤子与上衣是连在一起的。衣服没有钮扣，用拉链拉紧。这种拉链是特制的，拉上后一点也不会漏气。头盔是用透明的特种塑料做的，非常牢。穿好宇航服之后，要背上氧气囊，把氧气接入头盔内。这样，宇航员就可以在真空中生活。

宇航员穿上紧闭的宇航服之后，怎么吃东西呢？呵，真有意思，在面罩正下方，有一个小孔，孔里塞着橡皮。食物像牙膏似的装在铝管里。在进食时，要把牙膏上的小管使劲顶进小孔中的橡皮，再用手挤着管壁，宇航员才能吃到东西。

在老黄和宇航员们的大力帮助下，我们顺利地拍摄了宇航员的训练生活。如今，我们拍摄的科教片《向宇宙进军》即将公映，请你从银幕上观看宇航员紧张、有趣的训练生活吧！

《科学生活》特约记者 肖 易
（转摘自《科学生活》第一期）

最为醒目的是上海《文汇报》，在第一版发表了 5 幅《载人航天》剧照，加上《中国宇航训练员生活片断》的标题。

《文汇报》在这组照片之侧的显要位置，发表了报道，那标题具有新闻震撼力——《我国宇航员振翅欲飞》！

虽然就报道本身而言，不过是介绍《科学生活》创刊号的内容，但是这标题具有很大的"煽动性"——因为《解放日报》和《上海科技报》的标题都是称"我国宇航训练员"，而《文汇报》标题不仅是称"我国宇航员"，而且还"振翅欲飞"呢！

不管怎么说，上海三报以如此强力的声势报道《载人航天》一片，给读者的印象确实就是"我国宇航员振翅欲飞"！

实际上，也确实是"我国宇航员振翅欲飞"。因为中国早在 20 世纪 70 年代初就开始选拔宇航员，就具备了载人航天的能力，中国宇航员当然"振翅欲飞"！

上海三报的报道，引起国内外媒体的广泛关注。许多外国通讯社发出急电：据上海肖勇先生透露，中国宇航员"振翅欲飞"！

据告，美联社作了报道，《美国之音》也播出这一消息。

新华社上海分社记者赵兰英打电话给电影制片厂的领导，说是看了这些消息很高兴，准备转发肖勇先生的文章《访我国宇航训练员》。赵兰英知道肖勇就是叶永烈，便打电话给我。她说，你们厂领导怎么会把"新华社准备转发"说成是"新华社追查这一问题"？她说，我们完全是好意，是要转载，不知你厂领导怎么搞的，怎么会说成"追查"？我们新华社哪有权"追查"？她还特地找厂领导说明了情况。

我国宇航员振翅欲飞

◇《科学生活》载文介绍宇航训练员生活

本报讯 即将出版的《科学生活》创刊号上介绍了我国宇航训练员的生活。

这篇由该刊特约记者肖勇采写的《访我国宇航训练员——科教片〈向宇宙进军〉拍摄散记》，详细介绍了我属第一代宇航员紧张、有趣的训练生活，包括"震动试验""离心试验"、"冲击试验"、"失重试验"、"模拟飞船"等训练项目，以及宇航员的食物、衣服等。配合这篇文章的，是上海科学教育电影制片厂提供的一组中国宇航训练员生活片断的照片。文章和照片反映了我国向宇宙进军的一个侧面。

第一期的《科学生活》，还发表了《我国境内是否存在野人？》、《三千年古尸给我们讲的故事》等饶有趣味的文章；此外，还辟了《科学家介绍》专栏。

另外，《北京周报》《中国建设》给厂领导来电话，要求转载肖勇文章。一时间，许多记者打电话到上海科教电影制片厂。内中还有美联社记者，要找肖勇先生采访。当时，中国尚处于改革开放之初，厂里一听说美联社记者要求采访，就显得很紧张，连忙挡驾，让电话总机接线员告诉美联社记者说："肖勇先生出差去了！"

《参考消息》《大参考》转载了外电报道：中国宇航员"振翅欲飞"！美联社的报道还上了内参，传到中央军委。据说，邓小平知道了，说道："牛皮吹出去就让他吹出去吧，吓唬吓唬他们也好嘛！"

不过，媒体的这一番炒作，却再度引发中国高层对于中国宇航员要不要"振翅欲飞"的争论，亦即对于中国整个载人航天计划的争论。毕竟中国当时还很穷，在粉碎"四人帮"之后百废待兴，只能把有限的资金用于国计民生最紧迫的项目，那"太空"上的事不得不搁一搁！

《载人航天》一片，根据审查意见在科学性上作了稍许改动之后，双片重新送北京审查。原本可望迅速通过、公映，却因媒体的那番炒作而最终使影片打入冷宫，杳无音讯，至今下落不明。

中国的载人航天事业也停滞了多年，直到1992年才在中国经济有了迅速发展之后重新启动。

九 尾声

飞天梦终于实现了

在中国载人航天开创性的艰难历程中，钱学森手下的三员"大将"——王希季、屠守锷和陈信，也作出了历史性的贡献。

王希季是中国科学院院士。在他的领导下，制成中国第一枚液体燃料火箭。他创造性地把探空火箭技术和导弹技术结合起来，提出第一枚运载火箭的技术方案。主持长征一号运载火箭方案阶段和核试验取样系列火箭的研制。他担任返回式卫星的总设计师。在他主持下，大量采用新技术并突破一系列技术关键，使卫星增大了功能，延长了寿命，卫星返回技术达到国际先进水平，成为世界仅有的掌握此项高技术的三大国家之一。他还参与中国载人航天的论证研究工作。1985年获国家科技进步特等奖。1996年获国家科技进步一等奖。1999年9月获国家两弹一星功勋奖章。

屠守锷也是中国科学院院士。从20世纪50年代后期起，他作为开创人之一，投身于我国导弹与航天事业。作为总体设计部主任和地空导弹型号的副总设计师，领导和参加我国地空导弹初期的仿制与研制。他先后担任我国自行研制的液体弹道式地地中近程导弹、中程导弹的副总设计师，洲际导弹和长征二号运载火箭的总设计师，带领科技人员突破了一系列技术关键，解决了许多技术难题。他主持设计了向太平洋海域发射的远程火箭。他担任研制长征二号E大型捆绑式

运载火箭的技术总顾问，参与领导研制试验工作，保证发射成功，为中国航天事业的发展做出了重要贡献。1984年荣立航天部一等功，获航天部劳动模范称号。1985年获国家科技进步奖特等奖。

陈信是国际宇航科学院院士，中国航天医学工程研究所所长，对于中国航天医学工程作出开创性的贡献。

除了三员"大将"之外，对于中国载人航天事业作出突出贡献的还有"六大功臣"：载人航天工程应用系统总设计师兼总指挥顾逸东、"神舟号"飞船系统

总指挥袁家军、"神舟号"总设计师戚发轫、副总设计师施金苗、载人航天工程火箭系统总指挥黄春平、长征二号 F 火箭副总设计师刘竹生。他们是"神舟"一至四号无人飞船及"神舟五号"载人飞船的主要负责人。

顾逸东，载人航天工程应用系统总设计师兼总指挥，中国科学院空间科学与应用研究中心主任、研究员，1992年起担任副总指挥、总指挥。应用系统是载人航天工程的重要内容，其中包括空间对地遥感及示范应用等29项任务，是中国至今的空间活动中，空间科学和应用任务规模最大、学科领域最宽、技术最复杂的综合性系统工程。顾逸东和他领导的团体，成功研制了138种空间有效载荷和技术支持设备，有力推动了我国空间应用和科学试验能力达到新高度。

袁家军，"神舟号"飞船系统总指挥，中国空间技术研究院副院长，中国科协常委。1996年起担任"神舟号"飞船第一副总指挥、总指挥，负责飞船系统的研制。载人航天是航天器技术中最为复杂的大系统工程。袁家军带领全体工程研制人员，制定出一套适合飞船研制特点的项目控制

和工程管理办法。

施金苗，"神舟号"副总设计师和副总指挥，上海航天局原总工程师，长期负责上海地区的运载火箭研制工作，曾任长三、长四以及长征二号丁火箭总指挥，是中国"一箭三星"技术的主要设计师。1992年起担任飞船副总设计师和副总指挥。

戚发轫，"神舟号"飞船总设计师，中国工程院院士，中国卫星工程技术学科带头人之一。戚早年为中国第一颗卫星"东方红一号"的主要负责人之一。1991年，戚主持载人飞船总体方案验证，1992年开始担任载人飞船系统飞船总设计师，

通过组织广泛调研国外的各种飞船，组织制定了结合中国实际的载人飞船总体方案。

黄春平，中国载人航天工程火箭系统总指挥，是航天系统工程管理专家，再入飞行器技术开拓者之一。先后领导了9种再入飞行器的局部回收，首次实现了中国再入飞行器、多项升级换代和重大技术突破。组织领导了中国第一个载人运载火箭的研制，成功组织了三次"神舟号"无人飞船发射。

刘竹生，长征二号F火箭副总设计师、总设计师。作为中国运载火前捆绑分离技术的开拓者，攻克了助推器、捆绑分离技术，填补了中国运载火箭

捆绑技术空白，使中国进入世界捆绑运载火箭的先进行列。

中国载人航天打开了国际交流的大门。这是著名华裔美籍宇航员王赣骏（右二）与中国同行交流。

美国航天飞机指令长洛斯马、驾驶员富勒顿（左一、左二）也前来中国，与中国航天专家进行交流。

24 个春秋过去，中国宇航员真的要振翅欲飞了！

"神舟五号"经过严格调试，已经就位，待命出发。

钱学森笑了!

中国人做了几千年的"飞天梦",变为现实。中国,将成为世界上第三个实现载人航天的国家!

在中国宇航员即将飞向太空的前夕，2003 年 9 月 25 日，我又一次来到北京钱学森办公室。

年已九十有二的钱学森，关注着中国宇航员征服太空的喜讯。

他的一生，有三次最开心的笑：

第一次是 1955 年 10 月 8 日终于从美国回到祖国的怀抱；

第二次是 1970 年 4 月 24 日中国第一颗人造地球卫星发射成功；

第三次是 2003 年 10 月 15 日，中国宇航员杨利伟胜利登临太空。

钱学森这"三笑"，是他一生的缩影，也是新中国胜利步伐的写照。

后 记

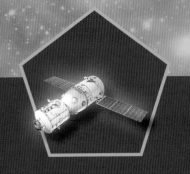

　　写作这本《飞天梦 —— 叶永烈目击中国航天秘史》的起因，当然是"神舟号"飞船一次又一次飞向太空，中国人民的"飞天梦"即将变为现实。内中的直接原因，却是香港无线电视台记者的来访。他们向我再三追问影片《载人航天》的下落，很希望在中国第一个"太空人"上天之际，能够公映这部见证中国载人航天历史的不可多得的影片。我被他们执着的精神所感动。

　　《载人航天》是我离开电影制片厂之前所编导的最后一部影片。我也一直为这部影片没有得以公映而抱憾多年。我打了许多电话，追寻《载人航天》双片的下落，追寻《载人航天》底片的下落。由于第七机械工业部已经撤销，当年经手《载人航天》双片的有关人员不知去向，无法查找《载人航天》双片；当然，更为重要的是查找《载人航天》底片。电影底片是"老母鸡"。因为即便是找到《载人航天》双片，倘无底片，也无法印制电影拷贝，而如果找到底片，即便没有《载人航天》双片，我也可以用底片印一份正片，然后重操导演旧业，重上电影剪辑台，剪出一部《载人航天》影片。我也可以重配影片解说词和音乐，完成一部《载人航天》双片，然后套底，迅速印制出大批《载人航天》电影拷贝。

　　《载人航天》的底片保存在上海电影技术厂。我请"老搭档"——当年《载人航天》的摄影师张崇基向上海电影技术厂查问底片的下落，我也多次致电该厂，他们明确答复，在底片记录本上，已经查不到《载人航天》（原名《空间科学》）。按照上海电影技术厂的规定，一部电影如果在 10 年之内没有套底出片，他们就会把全部底片销毁，不然底片仓库无法容纳那么多的底片。

　　上海电影技术厂的答复，使我深感痛心。《载人航天》的底片被销毁，意味着当年的辛勤劳作付诸东流，意味着一部记录中国载人航天历史的珍贵影片被无情地抹掉！

　　在万般无奈之际，我忽然记起，当年在剪辑《载人航天》影片的时候，我留下了许多剪余的正片。那是按照电影厂的工作习惯，每个电影镜头的头尾都要剪去一部分。这些剪下的碎片，通常作为废片烧掉。我却喜欢收藏这些剪下来的画面，觉得毁于一炬太可惜。这样，我在家中找到了 24 年前收藏的《载人航天》的许多正片。

由于我在收藏正片的盒子里放了干燥剂，所以所有正片都保存良好，经历了那么多个江南黄梅天而无一霉点。

面对如此丰富的历史画面，我决心编选一本以图片为主、讲述中国载人航天历史的图书，以"焦点新闻，独家报道"为特色。于是，就有了这本《飞天梦——叶永烈目击中国航天秘史》。

在初步编好《飞天梦——叶永烈目击中国航天秘史》之后，2003年8月我又专程前往北京，在中国航天训练基地访问了那里的摄影师鞠浪先生。当年在拍摄《载人航天》影片的时候，我们就在中国航天训练基地相识，这次重逢倍感兴奋。他拿出自己多年以来拍摄的中国载人航天历史照片，"加盟"于本书的摄影行列，使《飞天梦——叶永烈目击中国航天秘史》内容更为丰富、精彩。

为了使读者对于世界载人航天史有所了解，我选编了自己在俄罗斯、美国所拍摄的有关载人航天的照片以及若干俄、美载人航天资料照片。

《载人航天》影片的动画，为王一通绘制，特技为戈辛锷。

还应提到的是，《载人航天》影片聘请了3位专家作为科学顾问，即谢础、秦作宾和彭成荣，他们给了我很多帮助。谢础当时是《航空知识》杂志主编。2003年9月，当我拨通他的电话，已经退休的他还清楚记得当年拍摄《载人航天》影片的情形。

本书排出清样之后，2003年9月下旬我专程前往北京办理报审手续，得到钱学森办公室涂元季先生以及中国人民解放军总装备部、中华人民共和国国防科学工业委员会、中国航天科技集团等有关部门诸多帮助。

本书在短短一个月内以高速度、高质量得以出版，正好赶上2005年10月15日中国宇航员杨利伟飞上太空这一历史性时刻。

需要说明的是，本书中的照片绝大部分在出版前获得摄影者的授权，但是由于不知个别作者通讯处，少量照片未及事先与作者联系，敬请作者原谅，本书出版后将把稿酬托中国版权中心转上。还有少数照片，原本只署供稿者姓名，本书照署供稿者姓名，但无法得知供稿者是否即摄影者。倘若有误，在本书再版时即予更正。

叶永烈

2003年10月5日初稿

2008年9月26日修改

2013年2月4日补充

于上海"沉思斋"

● 叶永烈与孙家栋院士

● 叶永烈与杨利伟

● 右起：航天员费俊龙、叶永烈、航天员聂海胜、钱学森之子钱永刚